LE DOCTEUR B.-J. LAPEYRÈRE

NOTES

D'UN JOURNALISTE

SUR LA MÉDECINE ET LA CHIRURGIE CONTEMPORAINES

AVEC 40 FIGURES INTERCALÉES DANS LE TEXTE

I. NOS CHIRURGIENS :

MM. Péan, Ollier (de Lyon), A. Guérin, Amussat, Dolbeau, Jules Guérin, Maisonneuve, Chassaignac, Dieulafoy.

PARIS

ADRIEN DELAHAYE, LIBRAIRE-ÉDITEUR

PLACE DE L'ÉCOLE-DE-MÉDECINE

1875

1

NOS CHIRURGIENS

PARIS-VAUGIRARD. — TYP. N. BLANPAIN, 7, RUE JEANNE

LE DOCTEUR B.-J. LAPEYRÈRE

NOTES

D'UN JOURNALISTE

SUR LA MÉDECINE ET LA CHIRURGIE CONTEMPORAINES

AVEC 40 FIGURES INTERCALÉES DANS LE TEXTE

NOS CHIRURGIENS :

MM. PÉAN, OLLIER (de Lyon), A. GUÉRIN, AMUSSAT, DOLBEAU, Jules GUÉRIN, MAISONNEUVE, CHAS-SAIGNAC, DIEULAFOY.

PARIS

ADRIEN DELAHAYE, LIBRAIRE-ÉDITEUR

PLACE DE L'ÉCOLE-DE-MÉDECINE

1875

Avant-Propos

A l'étudiant qui cherche sa voie ; au jeune docteur qui l'a trouvée ; au praticien qui tient à suivre, du fond de son cabinet, le mouvement scientifique, offrir en monnaie ayant cours les richesses respectives de chaque pays en nouvelles doctrines et en hommes nouveaux, tel est l'objet de ces études.

Destinée au plus grand nombre, notre œuvre conservera jusqu'au bout le caractère de la véritable vulgarisation, qui est, pour ainsi dire, la photographie des notions acquises. L'exactitude dans l'impartialité a donc été notre unique souci. Quant aux hommes, douze ans de journalisme nous ont suffisamment appris que, de tous les moyens de les faire connaître, le meilleur est encore, non de les juger avec plus ou moins d'autorité, mais de les raconter.

Dans cette première galerie, exclusivement consacrée à la chirurgie française, peut-être l'absence de noms accrédités sera-t-elle regrettée. Expliquons-nous.

En tarissant les sources de l'originalité, le concours a créé, parmi nous, une situation particulière, caractérisée par l'égalité dans la médiocrité ; la Méthode Expérimentale a fait le reste. Par son principe dissolvant de toute tradition, elle a émietté l'Autorité ; de sorte que les maîtres s'en sont allés où, de nos jours, s'en vont et les dieux et les rois.

Bouillaud et Piorry se survivent; Claude Bernard subit la loi de son principe : en un mot,

Ni maitres ni disciples ;

Révolutionnaires en médecine, conservateurs en chirurgie ;

Voilà où nous en sommes.

Notre tâche était donc singulièrement simplifiée. — Nous n'avions à nous préoccuper que des perfectionnements ou découvertes auxquels certains noms resteront attachés. Tels sont, en remontant notre courant scientifique, la Gastrotomie généralisée par M. Péan, les Résections sous-périostées, la Lithotritie périnéale, la Galvano-caustique thermique méthodisée par M. Amussat, le Pansement ouaté de M. A. Guérin, l'Écrasement linéaire et le Drainage, les méthodes de Cathétérisme sur conducteur, de Cautérisation interstitielle, de Kélotomie et de Réduction des hernies, imaginées par M. Maisonneuve, et la Méthode aspiratrice.

En médecine, ou plutôt dans le domaine de la pathologie médicale, nous avons rencontré le groupe des panspermistes, présidé par M. Pasteur ; M. Charcot et ses collaborateurs ; MM. Marey et Lorain, les vulgarisateurs de la méthode graphique ; M. Giraud-Teulon qui a introduit l'Ophthalmologie en France, etc., etc.

Enfin, et ce sera le complément de la publication qui suivra de près celle-ci, — nous aurons à jeter un coup d'œil sur les cliniques officielles et libres, qui méritent d'être signalées aux étrangers.

Dans une série de publications ultérieures nous nous efforcerons ensuite de promener notre objectif dans les centres scientifiques des pays étrangers. Car, il faut bien le reconnaître, si la France de Dupuytren, d'Andral et de Chomel, n'est pas aussi malade qu'on se plaît à le dire, elle a tout intérêt à s'enquérir de ce qui s'enseigne et se pratique au-dehors.

Heureux, deux fois heureux, si nous parvenions ainsi à inspirer aux étudiants le goût des voyages et le culte des littératures étrangères, et, par la vulgarisation de quelques procédés opératoires d'usage si facile, à ouvrir aux trop nombreux déshérités de notre profession des sources de bien-être moral et matériel, qui sont encore le monopole doré d'une fraction du corps médical.

Dr J. LAPEYRÈRE.

Paris, le 1er décembre 1874.

M. PÉAN

ET

LA GASTROTOMIE GÉNÉRALISÉE

———

I

En disant : **M.** Péan et la *Gastrotomie généralisée*, alors que dans l'esprit du plus grand nombre ce nom, comme celui de Spencer Wels, est devenu pour ainsi dire synonyme d'*Ovariotomie*, nous sommes loin d'oublier la part prise par l'ancien interne de Nélaton qui, le premier, l'a introduite en France, à la vulgarisation de cette opération. Personne ne l'ignore : si l'ovariotomie est définitivement entrée dans le domaine de la grande chirurgie; si elle y a obtenu ses lettres de naturalisation; si, après avoir été qualifiée de « boucherie », elle est actuellement considérée comme une opération bonne à pratiquer, non-seulement à la campagne, mais aussi dans les grandes villes, à Paris même, n'est-ce pas aux luttes si vives et si persévérantes de M. Péan, au début, qu'est dû en très-grande partie cet heureux résultat (1)? M. Péan n'est-il pas encore aujourd'hui le seul chirurgien de Paris pratiquant régulièrement l'ovariotomie dans un milieu approprié?

Il est certain, aussi, que son procédé opératoire diffère par quelques particularités de ceux de Spencer Wels, de Kœberlé, et des ovariotomistes d'occasion. Par exemple, l'un des buts poursuivis par M. Péan est de mettre autant que possible la cavité abdominale à l'abri de l'accès de l'air, et l'on peut dire qu'il y parvient fort bien; aux ligatures classiques, dont l'accumulation sur une séreuse en-

---

(1) *L'ovariotomie peut-elle être faite à Paris avec des chances favorables de succès?* Observations pour servir à la solution de cette question par J. Péan. Paris, 1867 (épuisé).

Deuxième mémoire publié sous le même titre en 1869, plus complet et apportant des observations nouvelles, ainsi que la description du manuel opératoire et de l'instrumentation (également épuisé).

traînerait tant de dangers, il substitue des pinces hémostatiques de son invention, qui seront représentées plus loin.

L'incision abdominale effectuée, il applique et fait maintenir sur les lèvres de la plaie, par des aides exercés, des compresses fixes et convenablement chauffées, autant dans le but de s'opposer à la pénétration de l'air ou de liquides venus du dehors dans la cavité abdominale, que d'empêcher la sortie des intestins et de l'épiploon, que Kœberlé, au contraire, expose sans scrupule au contact de l'air. Mais, quels que soient les avantages relatifs de ces modifications et de quelques autres détails de même ordre, ce n'est pas là, nous le répétons, qu'éclate la vertu maîtresse par laquelle se révèle ou s'affirme toute individualité. Non, la véritable empreinte de M. Péan est dans la généralisation, *par la ligne blanche,* de la gastrotomie, bornée, avant lui, à l'ablation des kystes ovariques, et dont le premier, grâce aux conditions anatomiques de cette voie aussi sûre que large, il a étendu les applications à des kystes et à des tumeurs solides plus ou moins volumineux, développés dans l'épaisseur du grand épiploon, dans les replis du mésentère, au voisinage et dans le corps même de l'utérus, et jusque dans la rate.

II

HYSTÉROTOMIE

On sait que l'hystérotomie a été rarement pratiquée jusqu'ici par les ovariotomistes et qu'elle ne l'a guère été qu'à la suite d'erreurs de diagnostic. Au contraire, depuis 1867, encouragé par le succès d'une *splénotomie* (1), M. Péan attaque de propos délibéré, en connaissance de cause, les tumeurs interstitielles de l'utérus. De même, lorsque des kystes se développent dans le fond de cet organe et déterminent des accidents qui deviendraient promptement mortels, il n'hésite jamais à recourir à la gastrotomie, pour ménager à la malade la seule

(1) Voir à l'Index bibliographique.

chance de salut qui lui reste ; seulement, dans le but d'éviter des incisions trop longues, il a recours, pour l'ablation des tumeurs solides de gros volume, à de nouveaux moyens opératoires, dont l'ensemble a été décrit par lui sous le nom de *Méthode de morcellement*.

Mais, avant d'aborder la description sommaire de cette méthode, il est indispensable d'indiquer la nature du milieu dans lequel M. Péan opère publiquement, le nombre de ses aides et l'appareil instrumental dont il se sert.

Avant l'opération, la température de la salle est portée à 18 où 20°.

Cette température est maintenue jusqu'à la fin, au moyen d'un feu vif, qu'on utilise en même temps pour le chauffage des serviettes qui sont employées au cours de l'opération, et dont le nombre, — disons-le en passant — varie entre 60 et 100. Sur une longue table sont étalés en bon ordre les divers instruments et des éponges préalablement passées à l'alcool. A côté et vis-à-vis une fenêtre, se dresse le lit de l'opérée ; lit dont le mécanisme,

1.

conçu par M. Péan et exécuté sous la direction de
M. Cintrat, qui l'a perfectionné en quelques parties, est trop ingénieux pour n'être pas représenté
ici.

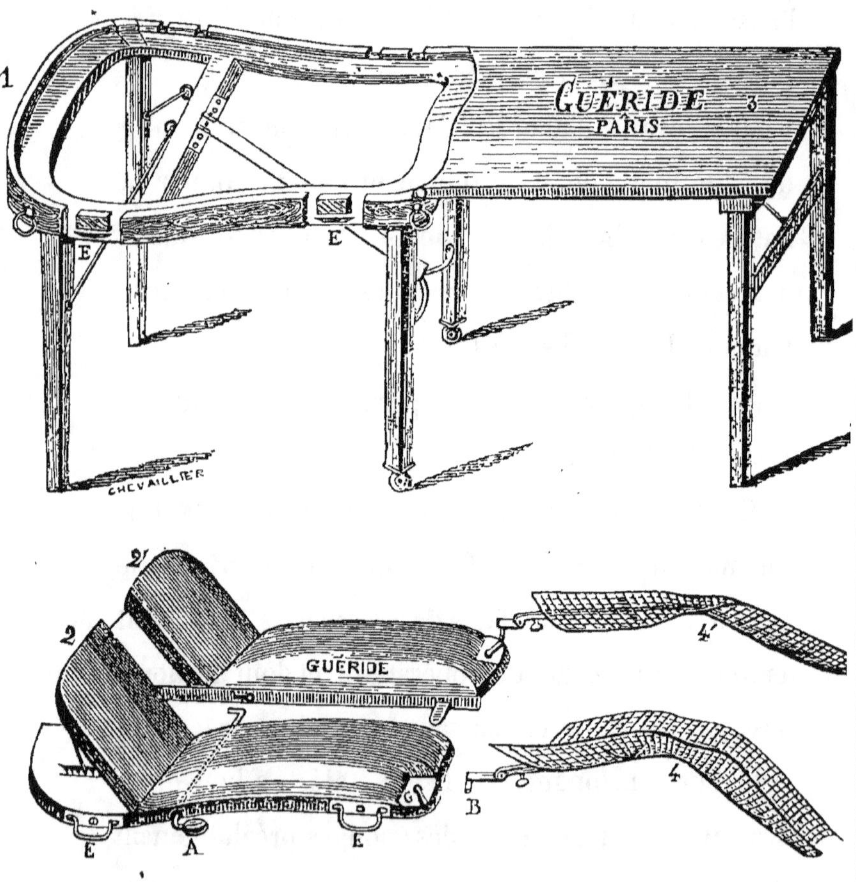

La durée de l'opération étant généralement assez

longue — de 50 minutes à 3 heures suivant les cas
— on comprend de quelle importance était, pour
M. Péan, le choix de l'aide chargé d'administrer le
chloroforme. Aussi s'est-il assuré le concours de
M. Gaudin, chloroformiste d'une grande expérience
et d'une rare habileté.

Quatre aides sont préposés à la garde des parois
abdominales, deux à droite, deux à gauche; les
plus rapprochés de l'opérateur sont assis, les deux
autres debout. C'est à ces derniers qu'est confié le
soin de maintenir l'intestin, d'empêcher l'issue de
l'épiploon et de s'opposer autant que possible à la
pénétration des liquides et de l'air dans la cavité
abdominale.

Un aide est chargé de présenter les instruments;
un autre les manœuvre et agit parfois concurremment avec M. Péan, dont il est l'auxiliaire le plus
direct : nous avons nommé M. Cintrat.

On compte encore trois auxiliaires pour le service
des éponges et des serviettes, qui doivent être chauffées à 35°.

L'appareil instrumental se compose, dans ses éléments principaux — une énumération complète nous entraînerait trop loin — :

1° Des pinces à pression, de différents modèles, imaginées par **M. Péan** pour remplacer la ligature classique et assurer au besoin l'hémostase sur de larges surfaces. Les figures suivantes en feront comprendre les applications.

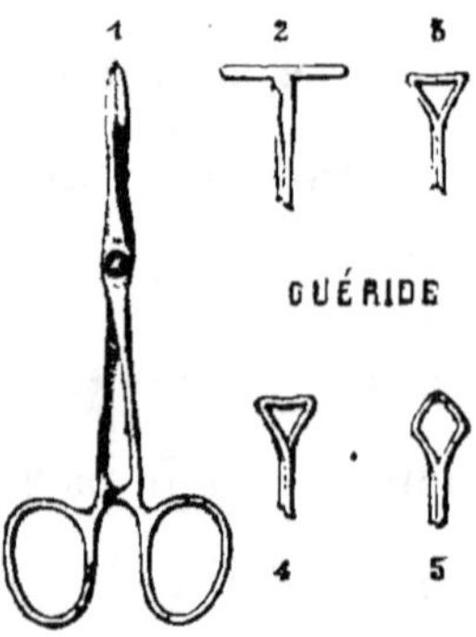

2° Des pinces à arrêt et à pointes, l'une modèle de Nélaton, l'autre, plus forte et saisissant plus forte-

ment, principalement destinée aux tumeurs fibreuses, qui est celle de M. Péan.

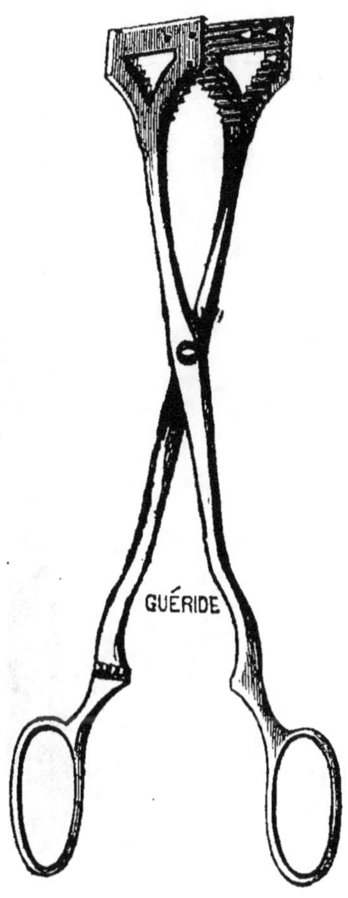

—

5° D'une grande aiguille courbe et à manche, destinée à passer les fils métalliques ;

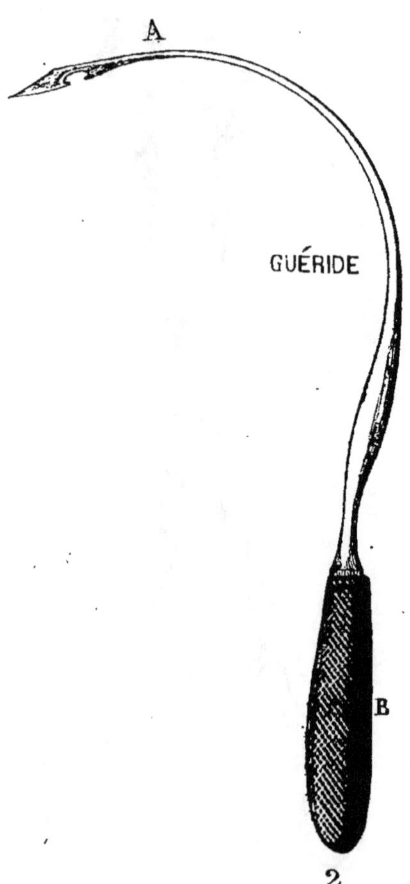

4° De ligateurs serre-nœuds du modèle de ceux

qui sont connus sous le nom du docteur Cintrat.

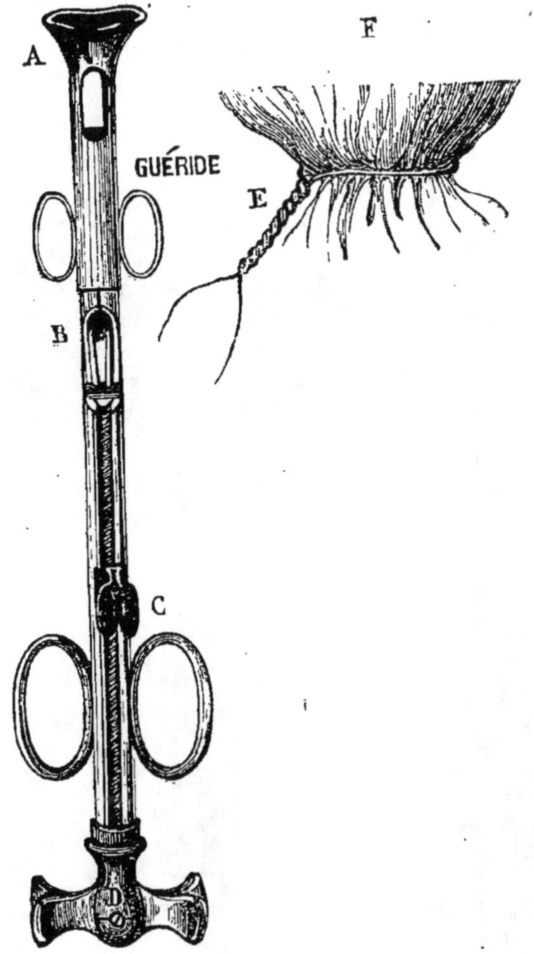

Dans cet instrument, la traction du fil se fait par une vis de rappel comme dans le serre-nœud ou l'écraseur. Si l'on veut s'en tenir aux résultats de ces deux instruments, il suffit de tenir le ligateur de la main gauche par les deux grands anneaux C et de tourner la vis D. S'il s'agit de lier, il faut tenir et fixer la tête A, et imprimer au corps de l'instrument un mouvement de rotation en agissant sur les grands anneaux C. On obtient alors une ligature par torsion du fil, représentée en E.

5° De Propulseurs ou chasse-épingles du docteur Péan et perfectionnés par M. Cintrat, permettant de passer des épingles très fines à travers des tissus très résistants.

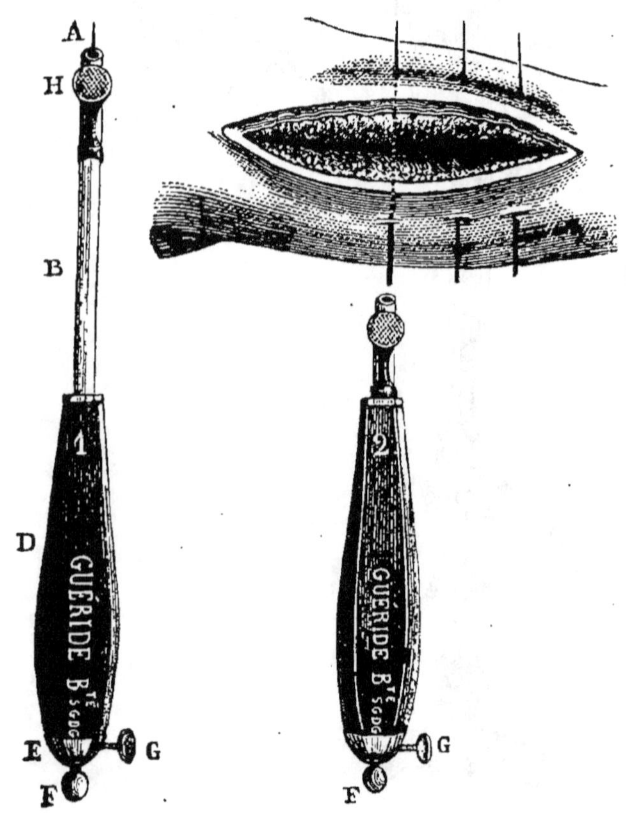

A, épingle. — B, tige cylindrique creuse renfermant une tige pleine sur laquelle vient reposer l'extrémité de l'épingle. Au fur et à mesure que l'épingle pénètre dans les tissus, la tige B s'enfonce dans le manche de l'instrument D. — H, bouton sur lequel il suffit d'appuyer lorsqu'on veut retirer l'épingle.

6° De grosses épingles à tête de verre avec leur

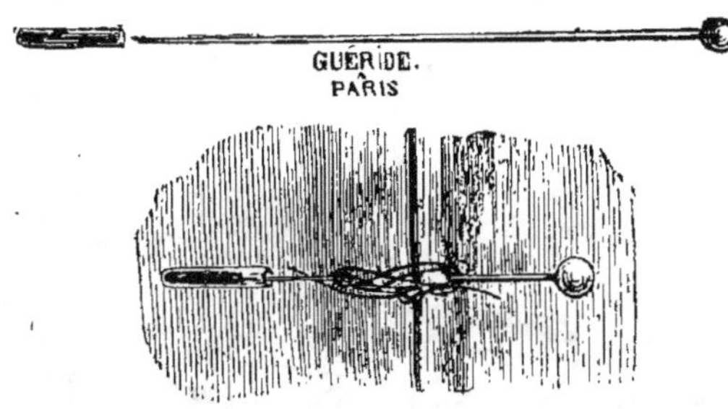

étui destinées à former les sutures entortillées de
la plaie. Les sutures à anses profondes sont placées
au moyen d'une petite aiguille du modèle que voici :

Petite aiguille courbe montée sur un manche, percée
d'un chas à son extrémité aiguë, en vue de ramener après
elle le fil de la suture.

7° D'une Pince-ligateur.

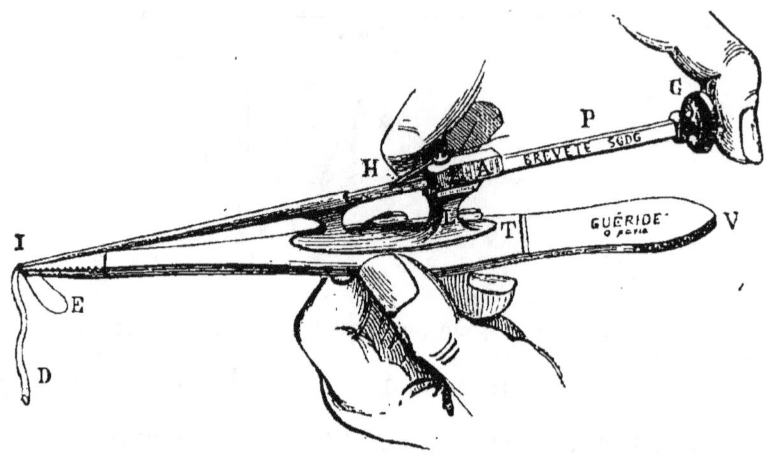

8° D'un Rétracteur.

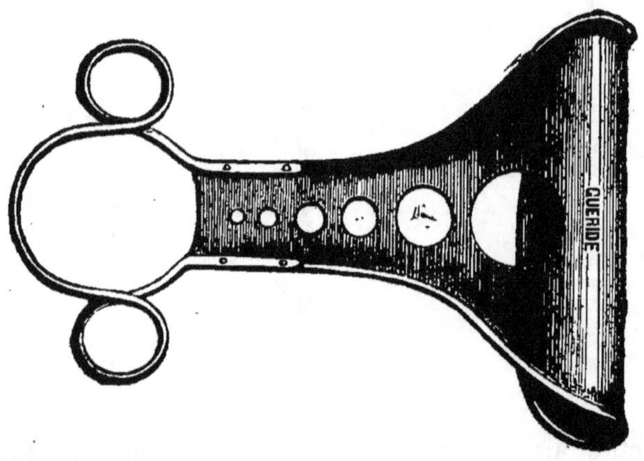

Pour les parois abdominales peu épaisses, M. Péan

se sert d'aiguilles très-longues, courbées à l'une des extrémités et acérées en fer de lance.

Quand tout est disposé pour l'opération, la malade est introduite dans la salle et placée sur le lit figuré ci dessus, par les femmes de service.

Bientôt après commence l'administration du chloroforme. L'anesthésie obtenue, les aides sont alors seulement introduits, de même que les médecins étrangers. M. Péan s'assied entre les extrémités inférieures de la malade, pendant que chacun prend la place qui lui est assignée.

Tout étant ainsi disposé pour l'opération, M. Péan incise la ligne blanche et met à découvert la tumeur utérine par son procédé ordinaire. Cela fait, il traverse la partie antérieure du fibrôme avec une forte aiguille courbe, munie d'un double chas près de son extrémité aiguë ; un premier fil métallique double est ainsi passé ; puis un second au voisinage du premier, et de façon à former deux anses qui serviront à soulever la tumeur et à l'entraîner partiellement au-dehors.

Dès que ce résultat a été obtenu, M. Péan traverse le fibrôme, aussi bas que possible et sur la ligne médiane, avec une aiguille courbe (fig. 4). ramène un double fil métallique très-fort, dont chaque chef est bientôt rendu indépendant par la section de l'anse médiane qui les unissait ; puis les deux chefs de chacun des fils sont engagés dans la coulisse d'un ligateur arrêtés sur le tenon et serrés à un degré suffisant pour produire une hémostase complète de la portion ligaturée du fibrôme. Celui-ci, traversé suivant un de ses diamètres transversaux par les deux fils qui, en ce point, sont adossés et sensiblement parallèles, se trouve donc lié en deux moitiés, les ligatures restant en place de chaque côté.

La main armée d'un couteau, M. Péan morcelle alors la portion liée du néoplasme.

Le fibrôme est-il très-volumineux (1) ?

Les premières ligatures, au lieu d'être placées perpendiculairement par rapport au grand axe du corps de la malade, lui sont plus ou moins obli-

---

(1) M. Péan en a opéré dont le poids dépassait 17 kilogrammes.

ques. Dans ce cas, la coupe faite pénètre dans la tumeur suivant une direction angulaire, et tend à diminuer graduellement son diamètre.

Au fur et à mesure que le morcellement attaque la tumeur, des ligatures nouvelles sont successivement portées de plus en plus bas, de façon à se rapprocher du point d'implantation. M. Péan poursuit le morcellement jusqu'au moment où le couteau a atteint au-dessous de la tumeur le tissu utérin, qui est presque toujours considérablement hypertrophié.

Plusieurs fois même, nous a-t-il dit à ce sujet, il s'est trouvé dans l'obligation de ne s'arrêter qu'au voisinage de l'insertion du vagin sur le corps utérin. Il ajoutait que le même procédé est applicable aux fibrômes multiples qu'on rencontre parfois dans le tissu de l'utérus.

En tout cas, la portion conservée du corps de l'utérus est liée en deux moitiés, suivant le procédé employé peur lier et arrêter le pédicule des kystes ovariques. Comme ceux-ci, elle est attirée au dehors vers l'angle inférieur de la plaie abdominale, puis fixée, en ce point, entre les lèvres de la suture, et arrêtée au moyen de deux fortes épingles placées en croix. Car il faut, à tout prix, s'opposer à la rétrocession du moignon dans le ventre.

A une certaine époque, M. Péan se faisait une règle d'enlever les deux ovaires et les trompes, en même temps qu'il sectionnait une partie plus ou moins étendue de l'utérus, et cela parce qu'il avait vu une de ses opérées succomber à une hématocèle rétro-utérine survenue au moment d'une époque menstruelle. Il espérait de la sorte supprimer ou considérablement atténuer le molimen périodique. Mais l'expérience ne tarda pas à lui démontrer l'inutilité de cette mutilation. Les femmes, dont il avait enlevé les ovaires, les trompes et la presque totalité de l'utérus, continuaient de présenter tous les symptômes d'une congestion pelvienne, jusqu'à des écoulements de sang par la vulve, et même des suintements sanguins au niveau du point où le pédicule avait été fixé. La fonction n'était donc pas abolie par le fait de l'ablation presque complète de l'appareil organique ; et, dès lors, pourquoi sacrifier des organes sains? Aussi, comme nous le disions tout à l'heure, M. Péan a-t-il définitivement renoncé à sa première pratique, et n'enlève-t-il plus que des ovaires manifestement altérés.

Nous tenions à être édifiés sur les suites de cette grave opération. Eh bien ! l'hystérotomie ne semble entraîner d'autre accident qu'une suppuration parfois abondante, et à laquelle vient s'ajouter une diarrhée qui épuiserait bien vite la malade, si des pansements bien faits et une médication appropriée ne triomphaient ordinairement de ces complications.

Ajoutons, enfin, que l'amputation elle-même de l'utérus, dont on a voulu faire un épouvantail aux yeux de ceux qui seraient tentés de l'entreprendre n'a pas donné lieu aux hémorrhagies qu'on paraît redouter. Cette crainte, affirme M. Péan, est la dernière qui doive agiter l'esprit du chirurgien, pendant comme après l'opération..... pour peu, insiste-t-il, qu'on suive sa méthode, et que, à défaut de ses instruments, en en emploie d'autres d'un maniement aussi sûr

Mais un exemple fera mieux comprendre l'excellence de cette méthode opératoire. C'est le cas d'une malade qu'il nous a été donné de voir, et dont l'histoire nous a été singulièrement facilitée par les notes que M. E. Barrault, l'un des aides habituels de M. Péan, a bien voulu nous communiquer.

III

Tumeur fibreuse utérine emboîtant complétement le corps de la matrice. — Utérus considérablement hypertrophié dans sa moitié supérieure.—Hypertrophie de la trompe gauche. — Ablation de la tumeur ; amputation de l'utérus et de la trompe gauche. — Premières suites de l'opération peu favorables : phlegmon. — Chute du pédicule le onzième jour. — Guérison.

Madame F....., de Saint-Georges-sur-Cher, est âgée de 41 ans. Grande, brune, élancée, svelte, de tempérament nerveux. A 12 ans et demi, la menstruation s'établit régulièrement et d'emblée ; aucun trouble, aucune souffrance. Par la suite, retour de l'écoulement chaque mois pendant 4 à 5 jours et avec assez d'abondance. A 23 ans, madame F... se marie : Deux enfants, accouchements et suite naturels; le plus jeune des enfants a 12 ans.

En 1870-71, pendant la durée de la guerre, madame F... éprouve des émotions très-vives. Elle devient plus impressionnable encore, est sujette à des attaques de nerfs ; celles-ci augmentent de fréquence et d'intensité à l'approche du moment des règles. Les menstrues coulent alors avec plus d'abondance que jamais, durent de 10 à 12 jours et laissent après elles une extrême faiblesse. Dès cette époque, la spoliation sanguine causée par l'écoulement menstruel devait être très-considérable, car la malade éprouvait fréquemment des syncopes.

En même temps que ces accidents se reproduisaient, la malade s'apercevait que son ventre augmentait de volume. Elle alla prendre les conseils d'un médecin de Montrichard, M. le Dr Bourgougnon. Ce praticien reconnut la présence d'une tumeur utérine et engagea la malade à s'adresser à M. Péan. Ceci se passait au commencement de 1873. Madame F... crut pouvoir différer encore quelque temps. Mais, par la suite, reconnaissant que les accidents allaient sans cesse en augmentant et que la tumeur s'accroissait assez rapidement, elle se décida à entreprendre le voyage de Paris.

Elle y arriva en novembre et fut présentée à M. Péan par M. le Dr Cintrat, de la part de M. le Dr Bourgougnon, de Montrichard. Le 25 novembre, eut lieu le premier examen de M. Péan. L'état général était des plus précaires. La malade est extrêmement pâle, les gencives sont décolorées, l'anémie est des plus profondes.

Le moral est encore plus fortement affecté, s'il est possible. Madame F... est en proie à une mélancolie dont rien ne peut la tirer ; elle éprouve des accidents cérébraux assez graves.

L'impressionnabilité est devenue telle que le moindre bruit inattendu, la plus légère fatigue amènent une syncope. Cette extrême faiblesse s'explique facilement : la malade perd sans discontinuer, tantôt par un simple suintement sanguin, tantôt sous forme de gros caillots qui s'échappent par la vulve. L'appétit est à peu près nul ; l'estomac est très paresseux, la digestion est si peu active que les aliments les plus digestibles ne sont absorbés qu'avec peine. Etat habituel du pouls = 76, très-faible.

Le ventre n'est pas très-volumineux ; il y a, à peu près, le développement d'une grossesse arrivée à la fin du sixième mois. La peau de sa surface a conservé une apparence normale. Aucune dilatation des veines.

Par le palper hypogastrique, on reconnaît l'existence d'une tumeur à surface lisse et unie, de consistance dure, résistante, qui paraît partout indépendante des parois abdominales. La dureté présentée par cette tumeur n'est pourtant pas telle qu'on ne puisse lui faire subir une dépression légère sous les doigts, mais en aucun point de sa surface on ne peut déterminer de fluctuation. Cette tumeur occupe toute l'excavation pelvienne, s'élève en s'élargissant dans les fosses iliaques sur lesquelles elle repose et remonte jusqu'à deux travers de doigt au-dessus de l'ombilic.

Par le toucher vaginal, on reconnaît que cette

même tumeur fait corps avec l'utérus qu'elle paraît surmonter. L'organe de la gestation est déformé dans la partie supérieure de son corps et s'épanouit en un cône à base très-large et à sommet inférieur. La tumeur refoule la vessie en bas et en arrière du pubis. Ce réservoir a acquis en largeur ce que la présence de la tumeur lui a fait perdre dans son diamètre vertical.

La marche des accidents, la position et les rapports de la tumeur, sa continuité avec le corps de l'utérus avec lequel elle se confond, sa consistance, tout venait à l'appui du diagnostic précédemment porté : tumeur fibreuse utérine sous-péritonéale.

Dans ces conditions, M. Péan ne crut pas devoir se refuser à l'opération que la malade était venue réclamer de lui. L'état général était trop inquiétant et les pertes utérines continuelles trop abondantes pour qu'il n'y eût pas danger à différer plus longtemps. La cachexie commandait d'intervenir rapidement, bien que le fibrôme ne fût pas encore parvenu à un volume excessif.

M. Péan conseilla toutefois un repos de quelques jours, ainsi que l'usage d'un régime fortement tonique et réparateur. Madame F... entra à la maison de santé de mesdames Martel et Debergne, à Levallois-Perret, en vue de s'y soumettre. Une légère amélioration dans l'état des forces se faisait sentir à la fin de novembre. Enfin, M. Péan crut pouvoir fixer le jour de l'opération au 4 décembre 1873.

Opération. — Incision depuis le pubis jusqu'au voisinage de l'ombilic. Les parois ne contiennent que peu de graisse ; les vaisseaux qui rampent dans leur épaisseur, peu nombreux, sont également de petit volume. Dès que le bistouri porte sur le feuillet péritonéal mis à nu, un petit jet de liquide ascitique, très-limpide et d'un jaune un peu pâle, s'échappe. La quantité de ce liquide peut être évaluée d'un litre et demi à deux litres. Le péritoine est alors complétement incisé, relevé sur les côtés et protégé, ainsi que les lèvres des autres couches de la plaie, à l'aide de linges chauffés. A travers l'incision apparaît la face antérieure de la tumeur. Elle est lisse et unie, d'apparence fibreuse et de couleur

2.

gris-cendré légèrement brunâtre. Elle n'a pas cet aspect d'un rouge brun foncé qui est particulier aux tumeurs fibreuses qui sont enveloppées par une épaisseur de fibres musculaires utérines.

A l'aide d'une forte aiguille courbe, M. Péan traverse la tumeur en deux points assez rapprochés, et situés près de la ligne médiane. A chaque fois l'aiguille ramène un double fil métallique à l'aide desquels on forme deux anses qui vont permettre de soulever la tumeur et de lui faire traverser doucement l'incision faite aux parois, enfin d'amener la masse morbide au dehors.

Ce temps de l'opération, faite avec lenteur et avec grand soin, pendant que des aides s'occupent de contenir avec leurs mains les parois abdominales et s'opposent à l'issue au dehors d'aucune anse d'intestin ou d'épiploon, peut être exécuté sans grande difficulté, vu le volume encore modéré de la tumeur.

Saisissant l'aiguille courbe, le chirurgien traverse de nouveau la tumeur sur sa ligne médiane, mais cette fois sur un point très rapproché de sa base. L'aiguille ramène avec elle un double fil métallique dont les deux chefs sont rendus indépendants l'un de l'autre par la section de l'anse médiane qui les unissait sur l'aiguille. Chacun de ces fils est formé en anse, puis compris dans un ligateur. On les dirige de telle façon que chacun d'eux embrasse une moitié de la tumeur, droite et gauche, et qu'il porte très bas sur le sommet du cône représenté par la production morbide.

La tumeur n'est pas régulièrement circulaire. Elle a plutôt la forme d'une ovoïde à extrémités très-arrondies et à grand diamètre transversal; Sa partie antérieure et supérieure forme une convexité très accentuée et assez régulière. Après que les deux ligatures, droite et gauche, eurent été convenablement serrées à l'aide du serre-nœud, de façon qu'on n'ait plus à redouter un écoulement de sang, le couteau est porté sur la tumeur. Une incision cruciale faite sur la surface, intéresse d'abord un tissu fibreux blanc, résistant, infiltré de sérosité, bien qu'en quantité bien moindre qu'on ne le voit souvent, et d'une épaisseur de 6 et demi à 7 centimètres sur la partie médiane de la tumeur. Aux deux extrémités de l'ellipsoïde, cette couche est plus épaisse encore ; elle atteint au moins 8 à 9 centimètres. Mais bientôt la couleur, l'aspect et la consistance des tissus, que divise la lame, changent complétement. A la couleur blanche légèrement grisâtre a succédé une couleur rouge, le tissu fibreux a fait place à un tissu d'aspect musculaire, la consistance de ce dernier est bien moindre. En le divisant, le couteau a permis de reconnaître la surface muqueuse d'une cavité qui existait normalement dans l'organe et qui s'est hypertrophiée dans les mêmes proportions que les parois de l'organe qui la contenaient primitivement, à l'état sain.

Au moyen d'une incision circulaire faite assez bas vers la base de la tumeur, et dirigée profondément vers le centre de celle-ci, de façon à pratiquer une sorte d'évidement, M. Péan enlève la majeure partie de la tumeur. Sur cette coupe, on voit très-distinctement une zone périphérique constituée par une large bande de tissu fibreux et enfermant dans son milieu un vaste îlot à peu près arrondi de tissu musculaire dégénéré et altéré. Ce tissu musculaire, qui est le tissu utérin fortement hypertrophié, occupe vers la partie moyenne de la tumeur une surface d'un diamètre d'au moins 15 centimètres. Au milieu de cette fibre musculaire, qui a perdu de sa résistance normale, se voient de très nombreux foyers apoplectiques à des degrés variés de regression, complétement ramollis même par places.

Une fois débarrassé de cette masse, et avant de pousser plus loin l'excision, M. Péan examine l'état et les rapports des autres organes. Il trouve la seconde moitié de l'utérus saine et beaucoup moins hypertrophiée, à mesure qu'elle approche de son col, que ne l'eût pu donner à penser la vue de la moitié supérieure et du fond de l'organe. La trompe gauche est congestionnée et également hypertrophiée. Les autres organes paraissent sains. Par sa face profonde, la tumeur n'a contracté aucune adhérence, ni avec les intestins ni avec l'épiploon.

Le chirurgien traverse donc le corps utérin d'un double fil au niveau de son quart inférieur. Ce fil dédoublé va former les deux ligatures définitives à porter sur l'utérus. En même temps le chirurgien jette une ligature à demeure, formée d'un fil métallique plus petit, sur la trompe gauche. Ces trois fils sont serrés chacun à l'aide d'un serre-nœud du Dr Cintrat. Ceci fait, il enlève les deux ligatures en masse et d'attente qu'il avait portées au début et résèque tout ce qu'il reste de la tumeur, jusqu'à ce qu'il soit arrivé à la partie saine du corps utérin qui supporte les deux dernières ligatures.

A ce moment l'opération est achevée : aucun écoulement ne s'est fait dans le ventre ; les derniers restes de l'ascite, qui sont au fond du bassin, sont absorbés à l'aide d'éponges montées sur des pinces. On procède à la fermeture du ventre au moyen de sutures à anses profondes et de sutures entortillées alternées. Arrivé vers l'angle inférieur de la plaie, M. Péan y fixe, à la manière du pédicule d'un kyste, le moignon de l'utérus coupé ; à côté de ce pédicule, il attire et fixe la portion de trompe gauche qui a été étranglée dans une ligature et dont une partie est également destinée à être mortifiée.

L'opération complète a duré un peu moins d'une heure. En outre des aides ordinaires, assistaient à cette opération : M. le Dr Révillout, rédacteur de la *Gazette des hôpitaux*, M. Boddaert, de Gand, M. le Dr Bouchereau, de l'asile Sainte-Anne, M. le Dr Dufay, député de Loir-et-Cher, MM. les docteurs Pain, Boutigny (d'Evreux), M. Buzeau, interne des hôpitaux et une dizaine de médecins étrangers.

Examen de la tumeur. — La tumeur pesée immédiatement après l'opération atteignait un poids de 3 kilogr. Dès ce moment, une assez grande proportion de la sérosité qui s'infiltrait s'était écoulée de ses mailles. Il a déjà été dit que sa forme était celle d'un ellipsoïde assez régulier, à grand diamètre transversalement dirigé dans le bassin. Sa surface supérieure était assez fortement convexe, lisse et unie. Renversée sur cette face supérieure cónvexe et considérée par sa coupe détachée de la partie qui lui servait de base, on voit que la tumeur est formée :

1° A son centre, d'un tissu plus rouge, de consistance moindre, souillé par de nombreux foyers apoplectiques, contenant du sang à divers degrés de regression, quelques caillots même sont ramollis. Cet îlot central, à peu près circulaire, est en majeure partie formé de fibres musculaires utérines hypertrophiées et dégénérées.

Lorsqu'on examine cet îlot, on reconnaît aisément qu'il est traversé par une scissure transversale profonde, scissure formant une ligne un peu courbe, à concavité regardant en arrière, et qui correspond visiblement à la cavité de l'utérus augmentée de dimensions dans la proportion même qu'a suivie l'hypertrophie de l'ensemble de l'organe. A l'intérieur de cette scissure, on voit distinctement la présence d'une muqueuse utérine très-hypertrophiée ;

2° A sa périphérie, par une épaisse zone de tissu fibreux qui enveloppe de toutes parts le corps utérin hypertrophié ; il faut noter toutefois que cette zone est plus épaisse aux deux extrémités de l'ellipsoïde qu'en avant et qu'en

arrière. Toute la masse musculaire du fond utérin est englobéé et comme coiffée de ce tissu fibreux. Ce dernier paraît adhérer à celui qui lui
sert de substratum au moyen d'un tissu cellulaire quelque peu lâche. Aussi obtient-on des
mouvements de glissement, peu étendus, il faut
bien le dire, de la masse musculaire sur la production fibreuse qui l'emboîte.

Suites de l'opération. — Immédiatement après,
pouls à 60, faible. 3 h. s. 64 pulsations. Douleurs
très vives au niveau de la suture ; la malade se
trouve très-faible ; nausées.

6 h. s., 68 puls.; pas de vomissement.

5 *décembre.* — Pendant toute la nuit, le pouls
reste aussi faible. Il est encore le même pendant
tout le jour.

6 *décembre.* — Même état peu satisfaisant.

7 *décembre.* — La nuit s'est passée sans sommeil. Douleur très vive vers l'angle inférieur
de la suture, au-dessous du pédicule, avec irradiations jusqu'au-devant du pubis. A minuit le
pouls était à 96 ; à 6 h. m., 104. Les douleurs se
propagent du côté de l'aine droite.

3

Langue saburrale, pas d'appétit ; évacuation provoquée par lavement. Emission naturelle de l'urine.(Purgatif au citrate de magnésie). 6 selles.

7 h. s. La malade se trouve un peu fatiguée. Les douleurs persistent dans les mêmes points ; on constate un peu de tuméfaction. (Sirop de chloral.)

8 *décembre*. — Un peu de sommeil pendant la nuit ; le pouls toujours à 100. Les douleurs persistent à l'hypogastre. 2 épingles de la suture sont retirées vers la partie inférieure. Ecoulement de pus épais et abondant. La malade se trouve soulagée (cataplasmes).

La journée se passe d'une façon plus calme, l'appétit reparait : du bouillon et 2 potages pris avec plaisir. Le soir pouls = 92.

9 *décembre*. — Nuit calme, mais sans beaucoup de sommeil, pouls 90. Alimentation.

10 *décembre*. 6 h. m., pouls = 84. — Le pus continue à s'écouler par l'angle inférieur de la plaie. (Œufs, potages, eau rougie.)

Du 10 *au* 15, grande amélioration ; le sommeil

est revenu, le pouls oscille entre 80 et 84. L'appétit est bon.

15 *décembre* au soir, chute du pédicule qui laisse une ouverture large de 3 centim. de diamètre sur 4 de profondeur. L'écoulement du pus phlegmoneux est à peu près tari. La plaie du pédicule ne donne que peu de pus.

Le 22ᵉ *jour*, la malade peut se lever. Il ne reste plus qu'une plaie étroite à la place qu'occupait le pédicule. Cette plaie marche rapidement vers une cicatrisation complète. Bien que l'appétit soit bon et régulier, la malade conserve encore une grande faiblesse, principalement dans les membres inférieurs. Le pouls est revenu à 76.

Le 5 janvier, madame F... quitte la maison de santé, et retourne chez elle. Il reste une plaie fistuleuse extrêmement petite à la place précédemment occupée par le pédicule. Encore quelques jours et la réparation sera complète.

A la fin de janvier, madame F... donne de ses nouvelles. Elle s'est très bien portée depuis son départ. Les forces lui sont revenues. son état est excellent. En janvier, les règles lui sont revenues. Elles ont duré trois jours, du 18 au 21, et ont coulé avec assez d'abondance.

Pendant quelques mois, madame F... n'éprouva d'autre gêne qu'un certain tiraillement sur le pédicule devenu adhérent aux parois, lorsqu'elle donnait au corps sa plus grande extension ; actuellement cette gêne a disparu. Cette dame se porte parfaitement bien, n'éprouve plus aucun inconvénient, et tout récemment encore, M. le Dr Dufay, rentrant de Loir-et-Cher, en redonnait l'assurance à M. Péan au nom de madame F...

IV

M. Péan prépare, sur les tumeurs abdominales, un travail d'ensemble, destiné à compléter leur histoire, surtout en ce qui a trait aux questions, si peu étudiées jusqu'à ce jour, du diagnostic et du traitement de chacune d'elles. Tout ce que nous pouvons dire à cet égard, c'est que, en général, les tumeurs intra-abdominales offrent des caractères assez tranchés pour les faire sûrement distinguer entre elles par un observateur exercé, lorsqu'elles sont parvenues à un assez grand volume. Une seule espèce de tumeur peut tromper un chirurgien habile jusqu'au moment où il recourt à la ponction, et même malgré la ponction, dans certains cas ; c'est le cancer de forme kystique et parfois celui qui revêt la forme colloïde. Les signes à tirer de l'état général de ces maladies cancéreuses ne suffisent pas toujours à dissiper l'erreur, comme on pourrait être tenté de le croire.

L'implantation de certaines tumeurs est aussi difficile à reconnaître d'une façon précise. Il n'y a pas de doute pour celles qui prennent naissance dans l'utérus ; en général, la certitude est possible également pour les tumeurs à insertion ovarique ; mais, quand on dit ovaire droit, ovaire gauche, il faut entendre l'ovaire désigné et sa périphérie. En effet, le kyste peut provenir de l'ovaire lui-même, du corps de Rosen-Muller ou de l'épaisseur du ligament large. L'implantation de quelques tumeurs, kystiques ou fibreuses, qui prennent leur origine sur le mésentère, est fort difficile à reconnaître avant l'opération. Mais le mérite du manuel opératoire de M. Péan est précisément de permettre à l'opérateur de venir à bout, quand même, de ces insertions si variées, qu'elles soient pédiculées, ou, au contraire, étendues sur de très larges surfaces.

Quant au pronostic, l'*âge* des malades n'est pas sans avoir une certaine importance. Toutefois, cette influence est moindre qu'on ne serait tenté de le croire au premier abord. Il est positif que les chances de guérison sont d'autant plus nombreuses que les malades sont plus jeunes et plus robustes. Mais, à proprement parler, l'influence défavorable de l'âge ne se fait véritablement sentir qu'après la cinquantaine et même après cinquante-cinq ans. M. Péan a pu opérer avec succès des femmes qui atteignaient à la soixantaine ; mais, dans d'autres cas, et pour des malades de cette catégorie, il a vu, après l'opération, un défaut de réaction qui a été fatal aux malades. C'est pourquoi ce chirurgien ne se décide à opérer des malades âgées que lorsque le volume de la tumeur ou les accidents que celle-ci détermine, compromettent l'existence à bref délai.

Le *contenu du kyste* doit être pris en considération, lorsqu'il s'agit de formuler le pronostic. Un contenu sanguin commandera une réserve beaucoup plus grande qu'un liquide séreux, ou séreux et gélatineux. De même, un liquide purulent sera plus grave encore qu'un liquide sanguin. Pourtant, dans ce dernier cas, si l'état général est resté bon, si la malade n'a pas sécrété du pus en quantité trop considérable, et surtout s'il n'y a pas eu encore de résorption purulente, les chances de guérison restent nombreuses. Si, au contraire, l'état général est mauvais, la malade émaciée, plus ou moins minée par la fièvre hectique, s'il y a eu un commencement de résorption avec teinte terreuse et opiniâtre de la peau, M. Péan s'abstiendra de la gastrotomie. Il n'abandonnera pas pour cela la malade à une mort certaine; mais, évitant à celle-ci un traumatisme qui lui serait fatal, il fera l'ouverture de la poche par les caustiques et cherchera la guérison au moyen d'injections détersives, antiputrides et modificatrices.

L'étendue et la résistance des adhérences qui existent entre la tumeur, les parois abdominales ou les organes voisins, ont également leur importance au point de vue du pronostic. D'une part, leur moindre inconvénient est d'obliger à prolonger outre mesure l'opération pour en effectuer le décollement ; d'un autre côté, les surfaces péritonéales peuvent rester plus ou moins éraillées et saignantes, et une péritonite peut s'ensuivre soit par l'inflammation des points éraillés, soit par le suintement d'une quantité de sang plus ou moins grande. Mais la pratique de la gastrotomie a montré à M. Péan que ces larges surfaces éraillées et dénudées étaient moins disposées à s'enflammer que la théorie ne l'eût donné à supposer, au point qu'il est permis même de poser en précepte : qu'un péritoine meurtri et modifié par le contact déjà ancien d'une tumeur volumineuse se montre plus tolérant, pour la pratique de la gastrotomie, qu'un péritoine complétement indemne.

Les adhérences atteignent leur plus haut degré de gravité, au point de vue du pronostic, lorsqu'elles existent avec un kyste aréolaire à parois très minces et très friables, ou avec un kyste purulent à parois si peu résistantes qu'elles se déchirent largement sous la pointe du trocart, au moment de la ponction.

Enfin, pour nous en tenir aux résultats généraux parfaitement acquis, de la pratique de M. Péan, ajoutons que, tandis que Spencer Wels voit la plupart de ses opérées succomber à la péritonite, chez celles de M. Péan cette cause de mort est si rare qu'on peut la dire exceptionnelle.

Ce n'est pas non plus la diarrhée colliquative, ni l'infection purulente que redoute M. Péan ; ses revers se rapportent bien plus à l'étranglement interne, à cet épuisement profond des forces, à cet affaissement général et à ce défaut de réaction que les chirurgiens anglais désignent sous le nom de *choc*.

A une époque éloignée de l'opération, alors qu'on pouvait croire à une guérison définitive, le tétanos a subitement enlevé trois de ses opérées.

3.

Une autre a été emportée par une attaque d'hys-
térie, que rien n'avait pu arrêter, pas même la
suppression de la cause morale qui l'avait pro-
duite.

Mais n'insistons pas; la statistique suivante,
que nous devons à l'obligeance de notre excellent
ami, M. Barrault, va nous édifier complétement sur
les suites de la gastrotomie généralisée.

Voici le bilan des tumeurs liquides et solides
opérées par M. Péan, depuis 1871 jusqu'à ce
jour (fin 1874).

1° 120 ovariotomies, suivies de guérison, dans
la proportion de 75 pour 100;

2° 21 hystérotomies ayant donné 15 guérisons :
soit 74 pour 100.

Ces résultats n'ont pas besoin de commentaires.
La cause de la gastrotomie généralisée est définitivement gagnée; l'humanité est véritablement redevable à la chirurgie contemporaine d'un bien-
fait de plus.

V

INDEX BIBLIOGRAPHIQUE

I. PUBLICATIONS DE M. PÉAN

De la Scapulalgie et de la Résection scapulo humérale. 1860. (Thèse inaugurale.)

L'Ovariotomie peut-elle être faite à Paris avec des chances favorables de succès? 1867.

Splénotomie (une observation de). 1868.

Autoplastie du cou, etc. 1868.

Éléments de Pathologie chirurgicale par Né-laton : publication continuée par **M.** Péan, à partir des tomes IIe et IIIe; le quatrième est sous presse.

Tumeurs des Lombes. 1869.

Ovariotomie, 2e édition considérablement augmentée. 1869.

Monographie sur les plaies de l'intestin. 1869.

En préparation :

Gastrotomie : du diagnostic et du traitement des tumeurs abdominales.

Leçons de clinique chirurgicale professées à l'hôpital Saint-Louis.

II. PUBLICATIONS DE SES ÉLÈVES

Des indications et contre-indications dans le traitement des Kystes de l'ovaire, par Paul Gros-Fillay. 1870.

Examen, au point de vue manuel opératoire, de quelques cas difficiles d'ovariotomie et d'hystéro-tomie, par Léopold Urdy, 1874.

VI

NOTICE BIOGRAPHIQUE

Enfant de Châteaudun, la cité héroïque, où il naquit en 1830, M. Péan (Jules) commença ses études médicales à Paris, en 1849, un peu contre le gré de ses parents, simples propriétaires dont la position de fortune se serait mieux accommodée d'une vocation moins coûteuse, et qui, pendant une année entière, avaient essayé de faire de leur fils un agriculteur.

Quatre ans après, en 1853, le résultat du concours pour l'internat justifiait la violence faite par le jeune étudiant à sa famille : son nom figurait le premier sur la liste des élus.

Servi par sa rare aptitude pour les études anatomiques, il concourut avec non moins de succès, en 1860, pour le prosectorat.

Enfin, en 1868, un concours pour une place de chirurgien du bureau central lui ouvrit la porte des hôpitaux, où nous le reverrons bientôt.

De l'aveu des hommes impartiaux, à un âge où la plupart cherchent encore leur voie ou font péniblement leur trouée, M. Péan a pris d'assaut les hauts sommets de la chirurgie française. Or, à quoi faut-il rapporter son succès?

Le voici.

Anatomiste consommé, son regard et sa main sont

à l'abri d'une méprise. Les difficultés attirent son esprit chercheur, et l'imprévu l'inspire. Comme Maisonneuve, M. Péan est l'ennemi des sentiers battus, et si, de son illustre aîné, il n'a pas les témérités qui ont étonné le monde médical, il en a les inspirations qui défient les hasards de la pratique. A cet heureux assemblage de facultés naturelles et acquises par de fortes et solides études, ajoutez le sang-froid, la prudence de Nélaton, et vous aurez devant vous, non le Péan de la légende officielle, mais le vrai Péan, c'est-à-dire un Maisonneuve refroidi, ou bien un Nélaton primesautier, ou mieux encore, l'esprit d'initiative et de progrès allié, dans une individualité privilégiée, au sens de la mesure.

A coup sûr, la contribution la plus apparente de M. Péan aux progrès de la chirurgie contemporaine n'est autre que la vulgarisation de l'ovariotomie en France, la généralisation de la gastrotomie, proposée, et non acceptée jusqu'alors, pour l'ablation des kystes ovariques, et la création de la méthode de morcellement pour les tumeurs fibreuses. Mais ce qu'on semble trop ignorer, et ce qu'il faut au moins indiquer, pour donner une idée exacte de la manière de M. Péan, c'est, pour l'ovariotomie, en général, comme pour les tumeurs solides ou liquides de l'utérus et des autres organes de la cavité abdominale, l'histoire des cas difficiles, où, les prévisions communes étant déjouées, le chirurgien ne peut parachever son œuvre qu'à l'aide d'une inspiration de son propre génie. Si de pareils détails ne dépassaient les bornes d'une simple notice, nous évoquerions de nombreux souvenirs. Mais, à cet égard, la thèse de M. le Dr Urdy livrera le secret des succès obtenus par M. Péan en des conditions bien diverses, notamment là où Spencer Wells lui-même a échoué jusqu'à ce jour.

A l'hôpital Saint-Louis, l'incomparable gastrotomiste disparaît, pour faire place au chirurgien de service, au praticien, au professeur, à qui rien de la chirurgie courante n'est indifférent ni étranger.

Au lit du malade et à l'amphithéâtre, personne ne rappelle, avec le même charme et la même au-

torité, la manière si éminemment française de Nélaton, son maître regretté. Là, rien n'est livré au
hasard ; tout y est discuté, soupesé, exposé et pratiqué avec cette simplicité exempte de banalité, avec
cette précision lumineuse et cette habileté savante,
qui attiraient et retenaient autour de Nélaton l'élite
des travailleurs étrangers. Et, de fait, dans le cortége de **M. Péan**, domine aussi l'élément exotique,
signe non équivoque, comme on sait, de la qualité
d'un enseignement clinique.

Les médecins et les journalistes recherchent,
aussi, les cliniques de M. Péan, pour plus d'une
raison. Tout procédé nouveau y est soumis à un
contrôle immédiat : c'est la part faite à l'esprit de
recherche et à la soif de progrès par une des intel-
ligences les plus ouvertes de ce temps. Après
cela, suivant une coutume qui ne devrait pas se
perdre, autour de M. Péan, chacun peut suivre, en
général, les divers temps d'une opération. Et,
comme il sacrifie peu aux grâces, son imperturba-
ble sang-froid et la fermeté de sa main ajoutent à
la solidité de son enseignement.

Jusqu'où va sa prévoyance, de quel réseau de précautions s'entoure sa pratique, un seul détail en donnera l'idée : Ainsi, toutes les fois qu'il doit opérer à Levallois-Perret, dans la rue de la Santé, en ville ou en province, esclave de sa charge, il va à Saint-Louis, pour se faire rendre compte de la situation de son service et pour donner ses instructions à ses internes, mais sans entrer dans les salles, et malheur à ceux de ses aides habituels qui y auraient pénétré ! Ce jour-là, leur concours serait inévitablement repoussé ; car nul ne porta plus loin le respect de la vie humaine.

Nul, non plus, ne pratique plus amoureusement le culte de son art. Debout à six heures du matin, sa journée chirurgicale ne finit qu'à onze heures du soir. En dehors de ses labeurs professionnels, il a voué tout son temps à la science. Position oblige, pense-t-il, convaincu qu'il est que l'expérience de chacun est le patrimoine de tous. De là ces deux grands travaux dont nous venons d'annoncer, dans notre Index bibliographique, la prochaine publication.

Et, croyez-le bien, ce ne sera pas là son dernier mot ; car il n'a que quarante-quatre ans, et le feu sacré, qui l'anime, n'a pas consumé une fibre de cette organisation d'élite.

M. Péan a été décoré en 1870.

P. S. — Nous apprenons, à la dernière heure, que l'Académie des Sciences vient d'honorer, par un prix de 2,000 francs (*Prix Monthyon*), les travaux de **M.** Péan sur l'*hystérotomie*.

M. OLLIER (DE LYON)

ET LES

RÉSECTIONS SOUS-PÉRIOSTÉES

I

Un nom et un nouveau chapitre de la chirurgie conservatrice désormais inséparables.

Ce n'est pas que M. Ollier soit le premier chirurgien qui ait cherché à utiliser les propriétés réparatrices du périoste ; ce serait trop dire ; car Blandin et Baurens en France ; les Reid, Steintin et Albrech Wagner en Allemagne ; Larghi en Italie, s'étaient engagés, avant lui, dans la voie que la physiologie ouvrit à la chirurgie conservatrice par la publication, en 1847, des travaux de Flourens (1). Mais

(1) *Théorie expérimentale sur la formation des os.*

en quoi il devait, sinon faire oublier les tentatives de ses devanciers, du moins en faire ressortir l'insuffisance, c'est en commençant, non, comme ils l'avaient fait, par une application directe des données de la physiologie expérimentale à la chirurgie humaine, mais par cette initiation lente et méthodique du laboratoire, qui, dans l'espèce, était le seul moyen de se faire la main et des convictions légitimes.

En effet, onze ans après la démonstration définitive de la propriété ostéogène du périoste, on voit M. Ollier reprendre une à une les recherches de Flourens sur le rôle respectif du périoste, de la moelle et des cartilages dans l'ossification. Interrogeant ensuite la physiologie pathologique, il étudie l'action de l'irritation traumatique sur les divers éléments de l'os et de la membrane conjonctive. Comment se réparent les plaies osseuses et comment se forme le cal? Comment se régénèrent, par le périoste, les os en général et les différents os en particulier? De quelle manière s'opère la reconstitution des nouvelles articulations entre les extrémités articulaires reproduites? Autant de questions dont l'examen successif devait amener la découverte de cette loi d'accroissement des os longs des membres, en vertu de laquelle les os analogues sont dans un rapport inverse au membre supérieur et au membre inférieur, le fémur s'accroissant à l'inverse de l'humérus, le radius et le cubitus à l'inverse du tibia et du péroné, de même que, pour les os de l'avant-bras, c'est l'extrémité éloignée du coude qui s'accroît le plus, tandis qu'au membre inférieur pour les os de la cuisse et de la jambe, c'est l'extrémité éloignée du genou qui s'accroît le moins.

Chemin faisant, qu'aura-t-il encore remarqué? Que, plus épais au niveau des portions juxta-épiphysaires des diaphyses et à l'extrémité de l'os, le périoste est plus adhérent aux parties molles qu'à l'os lui-même, mais que cette dernière condition est modifiée par l'âge et par l'inflammation qui rendent le décollement plus facile. Enfin, que lui démontrera le processus de guérison des plaies produites par les résections, sinon que le mode de ré-

génération des portions osseuses enlevées est su-
bordonné à des conditions méconnues jusqu'alors
par les chirurgiens ? Il reconnut, en effet, nécessité, quand on enlève tout ou partie d'une articulation, non-seulement de respecter les parties molles
qui l'entourent, les tissus qui la limitent, les muscles qui la fortifient et la font mouvoir, mais encore
et plus particulièrement de conserver intégralement
la gaîne périostéo-capsulaire.

Et ceci est d'importance capitale ; car c'est à ce
prix seulement que M. Ollier avait pu obtenir, sur
des animaux, la reconstitution des articulations sur
leur type physiologique ; d'ailleurs, c'est bien sur
cette double précaution qu'est fondée la nouvelle
méthode opératoire, qu'il a instituée pour la pratique de résections, et qui, proclamons-le bien haut,
réalise l'une des plus précieuses conquêtes de la
chirurgie conservatrice.

D'après ce qu'on vient de lire, on comprendra
que M. Ollier se soit imposé, pour première règle,
d'arriver jusqu'à l'os par une incision unique de la
peau, et en cheminant dans les interstices des

muscles, sans jamais couper leurs insertions. En procédant ainsi, on a, en effet, après la résection d'une articulation, une loge fibreuse non interrompue, formée par le périoste, les tendons, les ligaments et la capsule, et sur laquelle les muscles continueront de s'insérer : le canal périostéo-capsulaire, qui participe si bien à la reconstitution de l'os, se trouvera en même temps ménagé.

L'appareil instrumental de M. Ollier répond à toutes les indications possibles. Ses rugines diffèrent des rugines ordinaires par leur tranchant qui se trouve dans l'axe de l'instrument. Elles sont formées par une tige d'acier droite ou courbe, montée sur un manche solide, et terminée par une extrémité aplatie, demi-tranchante ordinairement, tranchante dans les cas où il faut couper au ras de l'os un tendon qu'on n'a pu détacher.

Les rugines droites sont destinées à détacher les ligaments ou les tendons, qu'elles soulèvent par de légers mouvements de va-et-vient, faisant ainsi office de petits leviers.

Les courbes servent à repousser, en dehors ou en

dedans, la gaîne périostique incisée et laissée adhérente aux parties molles extérieures. On en appuie l'extrémité contre l'os, et on la fait aller ou contre soi ou devant soi, selon la lèvre de la plaie périostique que l'on détache. C'est encore avec elles, de même qu'avec les demi-tranchantes, qu'on dénude le pourtour des diaphyses et la surface des os plats.

Les deux principales combinaisons de M. Ollier sont une *Sonde-rugine* et un Détache-tendon, qui méritent une description particulière.

La *Sonde-rugine* que voici

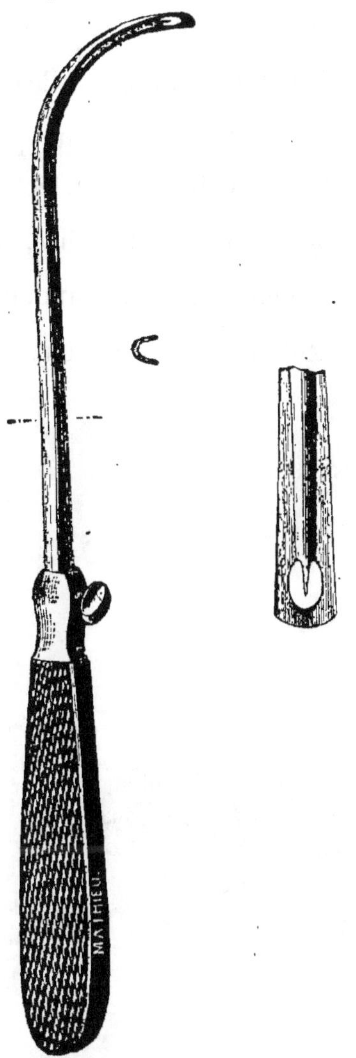

sert à la fois à décoller le périoste, à conduire la
scie à chaîne, et à protéger contre l'action de celle-ci

4

le périoste et les parties molles. Pour les résections des métacarpiens, des côtes, des os de l'avant-bras, et, en général, des os parallèles, elle remplit une indication véritable beaucoup mieux que la sonde de Blandin, dont elle réalise un perfectionnement relatif. Mais, hâtons-nous de le dire, M. Ollier lui-même a presque entièrement abandonné cet instrument pour le *Détache-tendon,* dont voici la figure,

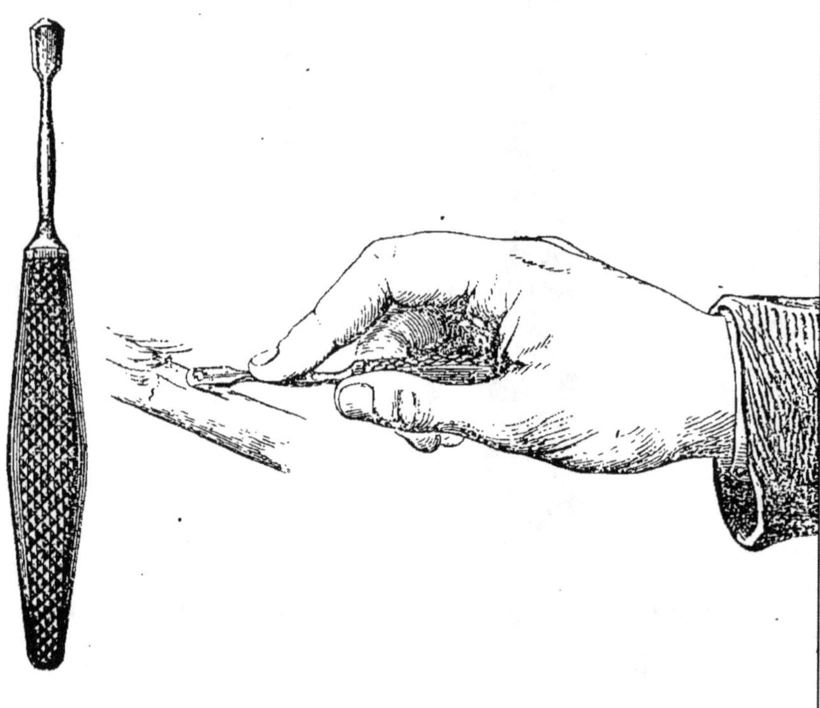

parce que cette rugine droite, tranchante par son extrémité libre, facilite la décortication des os et permet de vaincre les adhérences tendineuses les plus résistantes. Pour les résections circulaires qui constituent le théâtre le plus important des résections sous-périostées, c'est l'instrument qui a rendu et qui rendra toujours le plus de services.

Le périoste veut être détaché avec beaucoup de précautions. Il importe que l'instrument ne quitte jamais l'os, afin d'éviter toute lésion de la gaîne périostique et des organes voisins. Il ne faut pas non plus décoller plus haut que le point où l'on veut scier, et, s'il s'agit d'extraire la totalité de l'os, on le sciera d'abord par le milieu ; puis on soulèvera chacune des extrémités avec un fort davier, les dénudant au fur et à mesure jusqu'à ce que leur face ou leur bord supérieur devienne accessible à la vue et à l'instrument.

Les cisailles, la scie à chaîne de Mathieu, la gouje et le maillet trouvent leur emploi dans les parties profondes.

La seconde préoccupation de M. Ollier est d'assurer par les appareils, quelle qu'en soit la forme, une contention appropriée à chaque cas particulier, jusqu'à ce que le nouvel os soit formé, la gaîne périostique, tant qu'elle est souple, ayant de la tendance à se ramasser sur elle-même. Ainsi, dans un cas de résection de la moitié supérieure de l'humérus, une gouttière lui a suffi ; après une résection du tibia, un simple appareil d'attelles de bois flexibles a empêché la déviation du pied en dedans ; aux doigts de la main et du pied, l'extension continue a été obtenue avec des doigts en caoutchouc, etc., etc.

Mais, règle générale, dans les résections diaphysaires, le rapprochement des os doit être d'autant plus exact que l'on compte moins sur la régénération, et réciproquement. Ici, c'est le bandage amidonné, consolidé par des attelles de fil de fer flexibles que M. Ollier emploie de préférence, réservant les gouttières aux cas où les parties molles sont altérées.

Néanmoins, la régénération osseuse peut être empêchée ou retardée par des causes diverses, notamment par la tendance de l'incision à se fermer, et par l'accumulation du pus dans la gaîne périostéo-capsulaire, comme aussi par l'excès ou le défaut du processus ossifique, suivant l'âge, la santé générale et les conditions hygiéniques du sujet : auxquels cas, pour la maintenir béante, on introduit des mèches dans la plaie ; on pratique des débridements et des contre-ouvertures ; on écarte les surfaces réséquées, et l'on combine avec un régime tonique l'usage des excitants locaux, tels que : piqûres répétées sur la bande fibreuse qui sépare les deux renflements osseux de l'os ancien, le décollement du périoste au niveau des parties déjà ossifiées, la perforation avec un poinçon, l'introduction même de corps étrangers dans la gaîne périostique, mais alors seulement qu'elle est le siége d'un travail réparateur ou qu'elle se trouve modifiée par l'inflammation plastique.

Après cela, on n'a plus qu'à maintenir le membre dans l'immobilité, pour voir s'accomplir, dans un temps qui varie entre trois et huit mois, la régénération osseuse que les résections sous-périostées

4.

seules permettent d'obtenir. Celles-ci ont encore sur les résections ordinaires le triple avantage d'une cicatrisation plus rapide, d'une réunion plus fréquente, de fusées purulentes plus rares. Au point de vue de l'innocuité, la comparaison ne serait pas vraiment soutenable entre des procédés à lambeaux qui intéressent le tiers au moins du membre, et une méthode qui concentre les manœuvres dans la gaine périostique ou périostéo-capsulaire.

Les résections sous-périostées l'emportent enfin sur les résections ordinaires, au point de vue du fonctionnement ultérieur des articulations, qu'elles ramènent au type physiologique, ainsi que cela a été déjà dit et qu'on en trouvera de nombreux exemples dans la clinique hospitalière du chirurgien en chef de l'Hôtel-Dieu de Lyon.

Mais, en général, il est peu partisan des résections de la hanche et du genou, qu'il réserve pour des cas exceptionnels.

Il les traite de préférence par la Méthode de

Bonnet modifiée, rendue plus innocente et applicable aux déformations.

A cet égard, nous ne pouvons que renvoyer à
la brochure signalée dans notre index bibliographique, ainsi qu'au compte-rendu du congrès de Lille,
où M. Viennois, s'appuyant sur sa pratique personnelle, soutenait dernièrement que la résection de la
hanche, dans la Coxalgie suppurée, doit être la
grande exception, et qu'on pouvait guérir les malades au moyen de l'immobilisation très longtemps
continuée par la combinaison du bandage ouaté
silicaté avec la grande gouttière de Bonnet.

II

Voici la statistique des opérations de M. Ollier.

A notre grand regret, cette statistique ne sera
pas complète, par suite de la disparition de certains opérés chez lesquels les résultats définitifs
restent à constater. Mais en voici, du moins, les
principaux éléments :

1° Résections sous-périostées du coude { opérations : 54. / décès : 7. }

2° Résections de l'épaule (pour cas pathologiques) { opérations : 8. / décès : 1. }

Id. (pour cas traumatique) { opérations : 2. / décès : 2 (1). }

3° Résection de la diaphyse humérale pour cas traumatique { opérations : 3. / décès : 0. }

4° Résection radio-carpienne { opérations : 3. / décès : 1. }

5° Résection tibio-carpienne { opérations : 9. / décès : 5. }

Sur les 54 résections du coude, 7 ont été pratiquées, pendant la guerre, pour des plaies par armes à feu, et sur ces 7 cas il n'y a eu que 1 décès. D'une part, sur 5 cas consécutifs à des traumatismes, opérés dans les hôpitaux, pour des accidents variés, nous ne comptons que 1 succès sur 4, tandis que, pour tous les cas non traumatiques, il n'y a pas un décès au-dessous de 25 ans.

Ces détails, que nous devons à l'obligeance de M. Viennois qui, dans la plupart de ces opérations, a assisté M. Ollier, n'étaient pas inutiles au point de vue d'une saine appréciation des

(1) Par suite de complications étrangères à l'opération.

résultats que nous venons de relever. Il convient aussi de faire remarquer que les Anglais et les Américains jouissent de conditions hygiéniques meilleures dans leurs hôpitaux, et qu'ils ne pratiquent guère leurs résections que sur les enfants : ce qui explique les avantages relatifs de leurs statistiques.

Il n'en est pas moins vrai, ainsi que purent s'en convaincre les chirurgiens venus de tous les points de la France aux deux derniers congrès de Lyon, ainsi qu'ont pu le voir les membres de la Société de chirurgie dé Paris, que des malades opérés depuis longtemps par M. Ollier, offrent des exemples de reconstitution anatomique des articulations, notamment et surtout pour le coude, avec tous les mouvements qui sont propres à cette articulation.

« Les membres de la section des sciences médicales, lisons-nous dans le procès-verbal de la séance du 27 août 1873 de l'Association française pour l'avancement des sciences, se sont rendus, le 27 août 1873, à l'Hôtel-Dieu de Lyon, sur l'invitation de M. le docteur Ollier, dans le but d'examiner les résultats d'une série d'opérations de résections du coude faites par lui, et de constater *de visu* les effets définitifs de cette opération, surtout au point de vue de la régénération des extrémités osseuses et du rétablissement des fonctions.

» Après avoir exposé les points principaux de la doctrine relative aux résections sous-périostées et en particulier ceux qui ont été l'objet des plus récentes discussions, M. Ollier présente cinq opérés de résection du coude (deux en 1871; un en 1870; un en 1869; un en 1867), indépendamment de quatre autres qui sont encore en traitement dans les salles.

» Sur ces opérés, on peut, en mettant en présence les portions osseuses enlevées et le coude restauré, se rendre compte de la réalité de la régénération des nouvelles extrémités articulaires; on peut vérifier le mode de reconstitution de l'article qui devient un véritable ginglyme aussi mobile dans certains cas qu'à l'état normal, mais avec une grande solidité latérale, offrant des mouvements très étendus de flexion et d'extension, de pronation et de supination.

» Les mouvements d'extension sont d'autant plus importants à constater que l'extension active, c'est-à-dire opérée par le triceps lui-même, est considérée encore par quelques chirurgiens comme impossible.

» On a, en présence de l'assistance, mesuré la force de contraction de certains muscles et en particulier du triceps qui, dans les résections par les anciens procédés, perdait ses fonctions. Un des opérés avait une force d'extension par le triceps de 12 kilogrammes.

» Tous ces opérés, du reste, sont des ouvriers travaillant pour gagner leur vie comme faucheurs, cultivateurs, etc. »

Ajoutons à ces faits le résultat d'une des dernières opérations pratiquées par M. Ollier, en vue de diriger l'accroissement des os.

Il s'agissait d'un jeune homme de 14 ans, entré à l'Hôtel-Dieu pour une déviation du pied en dedans, causée par un arrêt de développement du tibia de cinq centimètres, le péroné ayant continué de s'accroître en haut et en se luxant en bas, en repoussant l'astragale en dedans.

L'excision des deux cartilages de conjugaison du péroné a arrêté l'accroissement de cet os, et le tibia ayant continué de s'accroître lentement, le pied a spontanément repris sa position normale, et le malade, qui ne pouvait appuyer sur le sol que la portion antérieure du bord externe du pied, appuie aujourd'hui, comme à l'état normal, par toute la partie plantaire, ainsi que tout le monde a pu le constater à l'Hôtel-Dieu.

Ce résultat est d'autant plus frappant qu'il a été obtenu uniquement par le changement qui s'est opéré dans le mode d'accroissement des os, sans le concours d'aucun bandage ni d'aucun appareil.

III

Parmi les innovations et perfectionnements dont la médecine opératoire lui est encore redevable, n'oublions pas que, dans certains cas de paralysie, M. Ollier va chercher le nerf dans le tissu osseux, l'en dégage et met ainsi fin à la paralysie. Pour la Rhinoplastie, son procédé consiste à superposer un double plan de lambeaux, à déplacer les portions voisines osseuses, et à utiliser le périoste que les anciens procédés forçaient de sectionner. C'est une combinaison de l'ostéoplastie périostique et de l'ostéoplastie osseuse, qui, sans prévenir certaines difformités, n'en réalise pas moins un progrès appréciable.

Récemment encore, il a pratiqué de ces opérations rhinoplastiques, qui diffèrent complétement des opérations antérieures en ce que le lambeau frontal est abaissé directement sans être tordu, et que le pédicule reste indéfiniment pour constituer l'arête du nouveau nez et n'est pas sectionné comme dans les procédés anciens. Dans ces opérations à double lambeau, le lambeau frontal est recouvert par les restes de l'ancien nez qui forme une espèce de pont sous lequel le lambeau frontal s'engage, et la base de l'extrémité supérieure du lambeau, retournée de bas en haut, peut au besoin reconstituer le lobule du nez, lorsque celui-ci est absent.

5

Des nez faits, d'après ce système, et perfectionnés par des opérations correctrices, donnent des résultats qui paraissent bien supérieurs à ceux des anciennes méthodes. Du reste, M. Ollier devant publier ses observations, avec photographies à l'appui, chacun sera en mesure d'apprécier en connaissance de cause l'innovation que nous venons de signaler.

Sa manière d'opérer les polypes naso-pharyngiens diffère, aussi, des anciens procédés par une modification notable. M. Ollier les aborde, en effet, par la voie nasale, pratiquant de chaque côté de l'aile du nez jusqu'à sa racine, une incision en fer à cheval à concavité inférieure, et divisant ensuite d'un trait de scie les portions osseuses qui sont sur le trajet de l'incision. La racine du nez pouvant alors être abaissée, et l'organe pivotant autour des ailes comme autour d'une charnière, l'opérateur peut plonger directement et son regard et ses instruments dans l'intérieur des fosses nasales.

Outre ce premier avantage de donner du jour, le procédé de M. Ollier a encore cela de bon qu'il ne laisse pas de trace, et qu'il n'entraîne pas des délabrements considérables, tels que l'ablation du maxillaire ou la fonte du voile du palais.

M. Ollier a eu 18 fois l'occasion de pratiquer son opération, et, sur les 14 malades qu'il n'a pas perdus de vue, il ne compte que 2 décès dus à la méningite.

Enfin, préoccupé, comme Lister et M. Alphonse Guérin, de la question si grave du pansement des plaies dans les grands hôpitaux, M. Ollier a primitivement et assez longtemps employé, à titre de milieu imperméable à l'air, et, par suite, aux germes infectieux qu'il charrie ou qu'il tient en suspension, les bains huileux permanents; puis le pansement ouaté de M. Alphonse Guérin, qu'il abandonna bientôt pour s'arrêter à l'*occlusion inamovible :* sorte de combinaison de la méthode isolante avec l'immobilisation absolue des parties blessées ou opérées, qui se réalise par l'emprisonnement, dans une coque silicatée, des couches de coton tassées autour du membre, comme dans le pansement de M. Guérin.

IV

INDEX BIBLIOGRAPHIQUE

Voici les principales publications de M. Ollier :

Traité expérimental et clinique de la régénération des os et de la production artificielle du tissu osseux, avec 9 planches gravées sur cuivre et 45 figures intercalées dans le texte. Deux forts volumes édités par la librairie Masson en 1867.

Des *Résections des grandes articulations des membres,* brochure de 30 pages, publiée à Lyon en 1869.

Du traitement des fractures diaphysaires des os longs par les pointes métalliques : brochure de 24 pages éditée par la librairie Delahaye, en 1870.

De l'occlusion inamovible comme méthode générale du pansement des plaies dans la chirurgie hospitalière, et de son application à la chirurgie d'armée : brochure de 30 pages, publiée à Lyon, en 1873.

Des moyens d'augmenter la longueur des os et d'arrêter leur accroissement ; applications des données expérimentales à la chirurgie.

Comptes-rendus de l'Académie des sciences (séance du 1er mars 1873).

Enfin, *De l'accroissement pathologique des os et des moyens chirurgicaux d'activer ou d'arrêter l'accroissement de ces organes* (Congrès de Lyon, 1873.)

V

NOTICE BIOGRAPHIQUE

M. Ollier est un des plus jeunes chirurgiens de France.

Né aux Vans (Ardèche), le 2 décembre 1830, il aura juste 44 ans au moment où paraîtront ces lignes.

C'est en 1856 qu'il coiffa le bonnet doctoral dans le vieux temple d'Hippocrate, à la faculté de Montpellier.

Sa thèse, dont le titre nous échappe, mais qui fut consacrée au cancer, ne contenait pas moins de 400 observations de tumeurs enlevées dans les hôpitaux de Lyon, dans l'espace de 5 ans. Il y niait l'existence de la cellule cancéreuse, prétendant, à l'encontre de la doctrine régnante des Lebert, Charles Robin, etc., qu'il y a autant d'espèces de cancers que d'éléments anatomiques. On sait où, bientôt après, se portèrent ses recherches, et quels en sont les résultats pour la chirurgie conservatrice, qui lui doit une des plus fécondes conquêtes de ce temps.

Le poste de chirurgien en chef de l'Hôtel-Dieu de Lyon, qui lui fut confié en 1860, a été la première récompense de ses travaux.

En 1867, le grand prix de chirurgie de l'Institut ayant été doublé par l'Empereur, sans doute dans un but de conciliation entre deux méthodes rivales, une moitié en fut accordée à l'auteur du *Traité de l'Évidement*, et l'autre moitié à M. Ollier pour la méthode opératoire à laquelle son nom restera attaché.

Voici comment le rapporteur de la commission,

M. Velpeau, expliquait ce partage, qui émut tant la presse et l'opinion scientifique du moment :

« M. Sédillot creuse les os malades, les transforme en coque, jusqu'à ce qu'il arrive à une couche saine, et prouve surabondamment, dans son *Traité de l'Évidement*, que le reste de l'os, sain, animé par le périoste, qui reste au-dehors, suffit pour rétablir un os nouveau, une couche de tissu osseux vivant. C'est de la sorte qu'il est parvenu à rétablir, à régulariser une méthode ancienne et qui permet de sauver les membres dans un grand nombre de cas. Il a ainsi creusé avec succès les condyles du tibia, du fémur, du calcanéum, etc.

» M. Ollier, dont les expériences ont été aussi nombreuses que variées, s'est attaché à prouver qu'en détachant le périoste d'un os sain, en le laissant fixé aux ligaments et aux tendons, on pouvait extraire les os du membre avec chance de voir l'os se reconstituer. Il est parvenu à réséquer ainsi des articulations entières, à extraire l'humérus, par exemple, en conservant le membre, qui s'est reconstitué d'une manière à peu près complète. Avant d'en venir là, M. Ollier avait vu sur les animaux les os du métatarse, du métacarpe, le radius, etc., se reproduire de toutes pièces après le décollement du périoste. Bien plus, il a vu, et nous avons montré en son nom, ici, des lambeaux de périoste transportés dans des régions, dans l'aine, la cuisse, y prendre vie et devenir le siége d'une sécrétion osseuse. »

Dans la pensée de la commission, il s'agissait donc de deux méthodes qui, pour être diamétralement opposées, n'en conduisent pas moins à un résultat identique. Nous le répétons, ce jugement fut assez mal accueilli par l'opinion publique, qui eût préféré un choix aisé à justifier. Qui, de l'opinion publique ou de l'Académie des sciences, a eu le dernier mot ? Il est permis de dire que l'Evidement ne semble pas devoir survivre à son auteur, tandis que les Résections sous-périostées tendent à se vulgariser.

Faudrait-il chercher dans ce contraste l'explication d'un vote académique tout récent, et qui a donné lieu à quelques commentaires regrettables ?

Le fait est que, candidat au titre de membre correspondant de l'Institut, M. Ollier n'a réuni que 37 suffrages sur 47 votants ; et les méchants d'attribuer cette petite opposition à des motifs sur la nature desquels nous n'avons pas à insister.

Tout récemment encore, l'Académie de médecine ne l'accueillait, au même titre, dans ses rangs, que par une simple voix de majorité. Il est vrai que M. Chauffard n'avait pas encore donné lecture de son rapport sur le projet de réorganisation de la vieille compagnie...

M. Ollier est officier de la Légion d'honneur.

M. ALPHONSE GUÉRIN

———

I

LE PANSEMENT OUATÉ

Suivant la tradition mythologique, Minerve sortit armée du cerveau de Jupiter ; le pansement ouaté a eu l'évolution moins prompte. Non que M. Guérin, qui l'avait conçu au début de sa carrière médico-chirurgicale, n'ait présenté plus d'une fois, au cours d'une gestation qui n'a pas duré moins de vingt-trois ans, les signes précurseurs de la parturition ; mais c'était ce que les gynécologistes appellent les *fausses douleurs*, comme s'il y avait des douleurs inutiles. A parler sans figure, la vérité est que le pansement ouaté est dû aux recherches obstinées de M. A. Guérin, dont la sollicitude fut éveillée de bonne heure par les accidents infectieux qui, dans les hôpitaux, sont le cortége trop ordinaire des grands traumatismes.

En effet, dès 1847, cette préoccupation, qui ne sortira plus de son esprit, s'accuse par une étude sur la *fièvre purulente*, sujet de sa thèse inaugurale. En ce temps-là, l'*infection purulente* était attribuée à une simple inflammation des veines, à la phlébite. Tessier professait que le pus se forme dans les veines et qu'il se limite par un caillot qui le soustrait à la circulation. Sans nier la phlébite, mais la considérant comme étant de *nature septique*, le jeune théoricien ne reconnaissait pas dans l'inflammation des veines voisines d'une plaie le point de départ des accidents. Frappé, au contraire, de la ressemblance apparente de la fièvre purulente avec l'Impaludisme, trouvant dans leur symptomatologie une similitude d'invasion, il se rattachait à l'idée d'un empoisonnement miasmatique, c'est-à-dire d'une action des miasmes, qui se mêlent à l'air des salles de chirurgie, analogue à l'influence des miasmes qui se dégagent des marais.

Entraîné par l'analogie, il allait beaucoup plus loin : comparant même l'infection purulente avec la fièvre jaune, la peste et le choléra, il trouvait des caractères communs à ces diverses maladies. Enfin, de ce que l'infection purulente lui paraissait, comme tous les typhus, transmissible par l'air, il proposait de l'appeler Typhus chirurgical.

A vingt-deux ans de là, l'observation journalière dans un milieu des plus propices — l'hôpital Saint-Louis reçoit beaucoup de blessés — n'avait pas encore modifié ses idées premières. Si bien qu'il porta la question à l'Académie de médecine, où elle souleva l'une des discussions à la fois les plus longues et les plus orageuses dont ait retenti la salle de la rue des Saints-Pères.

La guerre de 1870, qui devait ajouter à des désastres sans exemple le plus sinistre des bilans chirurgicaux, interrompit tout à coup ces débats, comme si elle s'était réservé le privilége d'en préparer les conclusions.

Et, en effet, c'est bien au cours du siége de Paris, alors que les blessés, n'ayant pas tardé à encombrer les ambulances et les hôpitaux, succombaient presque tous à l'infection purulente, que les doctrines de M. Pasteur attirèrent, enfin, l'attention de M. A. Guérin, à la fois chirurgien en chef de l'hôpital Saint-Louis et de l'hôpital militaire de Saint-Martin, où la mortalité était aussi considérable que partout ailleurs. Etant donné le rôle pathogénique des infiniment petits, pourquoi ne seraient-ils pas les agents de la fermentation putride? Et, s'il en est ainsi, ne suffirait-il pas, pour prévenir l'infection purulente, d'établir, entre les plaies et les germes infectieux répandus dans l'atmosphère des salles d'hôpital, une barrière impénétrable? Cette barrière n'était-elle pas elle-même réalisée dans l'expérience capitale de M. Pasteur, où la ouate fait fonction de filtre de l'air? Le moyen semblait donc tout trouvé, et il ne s'agissait que d'en tenter l'application à la clinique.

L'occasion ne tarda pas à se présenter. Elle fut ménagée à M. A. Guérin par une victime de nos discordes civiles, dont il eut à amputer la cuisse. Au lieu de traiter la plaie par les moyens ordinaires, il entassa sur le moignon et autour du reste du membre plusieurs couches de ouate, en ayant soin d'exercer sur la masse, au moyen d'un bandage roulé, la compression élastique vulgarisée par Burggraeve (de Gand).

Cet essai, qui ne tarda pas à être renouvelé, fut le point de départ d'une amélioration sensible dans les conditions sanitaires du service. D'après un relevé statistique, publié dans les *Archives générales de médecine*, par M. Raoul Hervey, un des internes de M. Guérin, sur 34 opérations pratiquées pendant la Commune, on ne compte pas moins de 19 guérisons. Résultat d'autant plus remarquable que, pendant le premier siége, un seul amputé avait survécu à l'opération. Encore s'agissait-il d'une amputation peu grave de la jambe au niveau des malléoles.

Sans doute, cette mortalité était encore considérable; mais elle est loin d'avoir la même signification, si l'on considère que dix des amputés, qui succombèrent, étaient placés dans des services de médecine où M. Guérin ne pouvait pas, comme dans ses salles, faire que le pansement fût incessamment surveillé.

A la vérité, M. Guérin opérait et pansait les amputés; mais ceux-ci restaient sous la surveillance directe des médecins auxquels ils étaient confiés.

Et pourtant le pansement ouaté était encore loin de la perfection qu'il devait acquérir plus tard. D'après la relation que nous venons de signaler, il n'avait pas la solidité voulue, parce que M. Guérin n'avait pas remarqué d'emblée que la ouate perd assez vite de son élasticité. Pour obvier à cet inconvénient, il est indispensable, dès le lendemain de son application et les jours suivants, que l'appareil soit resserré avec de nouvelles bandes et maintenu ainsi, depuis le premier jour jusqu'au dernier, dans des conditions de fixité parfaite. Le succès est à ce prix.

Nous nous trompons; ces précautions seraient insuffisantes, si la qualité de la matière première laissait à désirer. Il ne faut pas que la ouate, destinée aux pansements, s'étale à l'air libre dans les salles des blessés. Celle qu'emploie M. A. Guérin

est déposée dans un local éloigné, d'où on ne la retire qu'au moment de faire le pansement (1).

Par là s'explique, peut-être, la différence des résultats obtenus par M. Guérin, qui aurait vu disparaître l'infection purulente de ses divers services — en l'absence de statistique, nous ne saurions
être plus affirmatif — et par les chirurgiens qui,
ayant employé ou employant le pansement ouaté,
avec ou sans succès, se plaignent de son ineffica-
cité, ou n'admettent pas sa théorie (2).

Et maintenant quelle est la part de l'*occlusion*
dans les résultats obtenus ?

On sait que du pus, mis à l'abri du contact de
l'air, se conserve pendant des mois et des années
avec ses globules.

Il n'en est pas ainsi du pus du pansement
ouaté. Les analyses de M. Guérin démontrent que

(1) Pour tous les détails du *modus faciendi* de M. A.
Guérin, voir le mémoire de M. Hervey, dans les *Arch.
génér. de médecine*, cahier de décembre 1871.

(2) Il en est qui ont trouvé des corpuscules animés
dans le pus, MM. Demarquay et Hayem, entre autres.

ce pus se transforme en émulsion graisseuse : changements qui ne peuvent se produire que sous l'influence de l'oxygène de l'air.

D'autre part, si l'on met du pus dans de la ouate, et si on l'y enferme avec le plus grand soin, de manière à ne laisser arriver jusqu'à lui qu'un air parfaitement filtré, les choses se passent absolument comme sur le vivant. Ce qui prouve non moins évidemment que l'absorption est étrangère aux transformations du pus dont nous parlions tout à l'heure.

Ce n'est donc pas comme tampon, mais comme filtre de l'air, que la ouate agit dans le pansement ouaté. Ainsi se trouvent confirmées par l'expérimentation clinique les doctrines de **M.** Pasteur.

En somme, théoriquement et pratiquement, le pansement ouaté a pris en peu de temps les proportions d'une des plus précieuses conquêtes de la thérapeutique contemporaine. Employé un peu partout, depuis trois ans, son efficacité s'affirme, en France et à l'étranger, par des succès de plus en plus nombreux. Il est permis d'espérer que, autant

que la clinique hospitalière, la chirurgie des armées
est appelée à bénéficier de cette nouvelle méthode.
En effet, « la suppression de la douleur, la facilité
du transport, la possibilité d'accumuler temporaire-
ment, dans des wagons ou dans des baraques, des
centaines de blessés, sans craindre les conséquences
mortelles de l'encombrement, tels sont, suivant le
langage de M. Vivien, les principaux avantages »
qu'elle présente en temps de guerre.

Toutefois, n'oublions pas de faire remarquer que,
jusqu'à ce jour, le pansement ouaté n'a vécu que
sur sa bonne renommée. Or, aux détracteurs systé-
matiques pas plus qu'aux incrédules, il ne suffit
pas d'opposer de simples affirmations écrites ou
verbales : des chiffres feraient mieux leur affaire. Le
pansement ouaté manque de statistique. Tant que,
dans son histoire, cette lacune restera à combler, il
ne pourra prétendre, faute de sanction suffisante,
aux titre et qualité de méthode vraiment scientifique.

Au surplus, pour n'omettre aucune des principales objections qui ont été faites au pansement

ouaté, il est bon de répéter, après **M. Hardy**, qu'il ne suffit pas qu'un procédé soit bon ; il faut encore qu'il réussisse dans la main des autres.

II

LA COMMUNAUTÉ DE CIRCULATION

A l'actif de **M. A. Guérin** figurent encore quelques contributions aux progrès de la thérapeutique, qu'il ne peut être inutile de consigner ici. Tel est, par exemple, le procédé qu'il propose, pour la Transfusion du sang, sous le nom de *Communauté de circulation*, et dont il a donné lui-même la description que voici :

« Je mets à nu l'artère fémorale chez deux chiens, dont nous supposerons, pour la facilité de mon exposition, que l'un est blanc et l'autre noir.

» Si je coupe cette artère en travers, j'ai un bout périphérique et un bout cardiaque.

» Dans le bout cardiaque du chien blanc, j'introduis l'extrémité d'un tube en caoutchouc muni d'un ajutage ; et aussitôt après je mets l'autre bout de ce tube dans le bout périphérique du chien noir. Le cœur du chien blanc pousse alors, avec la vigueur accoutumée, dans l'artère ouverte le sang qui, traversant le tube, se répand dans les capillaires du chien noir et y fonctionne, comme il eût fait dans les capillaires auxquels il était destiné. C'est une espèce de *générateur* donnant, non de la vapeur, mais du sang.

» Si l'opération se bornait là, l'animal qui donne le sang serait promptement exsangue ; il mourrait d'inanition. Mais je fais en sens inverse, dans un second temps, ce que je viens de faire dans le premier. Un second tube est placé de manière à ce que le chien noir donne au chien blanc le sang que son cœur pousse dans l'artère ouverte.

» J'obtiens ainsi une véritable communauté de la circulation entre les deux animaux qui font les sujets de l'expérience.

» Si j'en veux favoriser un, je comprime son artère au-dessus du point où elle a été ouverte. Il reçoit alors du sang sans en donner ; mais je crois cela inutile. L'animal faible, ayant des contractions du cœur moins vigoureuses que l'animal fort, recevra plus qu'il ne donnera. »

Ceci, disons-le bien vite, n'est pas seulement une vue de l'esprit. De nombreuses expériences, faites dans la plupart des laboratoires de physiologie, ont prouvé que la communauté de circulation peut existe pendant un temps qui n'est pas encore déterminé pour toutes les espèces. Chez les chiens, au bout d'une demi-heure, il est rare que le sang ne se coagule pas dans le tube. Il faut alors suspendre l'opération. Chez les chevaux, au contraire, une expérience, faite par MM. Guérin et Goubaux à l'école d'Alfort, semble prouver que la communauté peut être indéfinie.

Dans cette expérience, deux chevaux de force et de taille très différentes ayant été mis en communauté de circulation, le plus petit devint pléthorique à ce point que le sang transsudait par la muqueuse intestinale. On suspendit l'opération, et les deux animaux se rendirent à leurs râteliers, sans qu'ils parussent souffrir l'un et l'autre d'une expérience qui n'avait eu d'autre but que de prouver la possibilité de faire passer le sang de l'un dans les artères de l'autre, et réciproquement.

Jusqu'ici la théorie et l'expérience s'accordent donc pour faire de la communauté de la circulation une opération sans danger pour les animaux.

III

Au cours de son prosectorat à l'Amphithéâtre des hôpitaux, faisant l'anatomie pathologique des rétrécissements de l'urèthre, M. Guérin reconnut et démontra que, loin d'être, ainsi qu'on le professait alors, le résultat immédiat d'une affection de la muqueuse, le point de départ des rétrécissements était toujours dans les tissus sous-jacents. D'où la conséquence que le moyen le plus sûr de guérir les rétrécissements, est de pratiquer l'uréthrotomie. Il constata aussi, à la partie postérieure de la fosse naviculaire, l'existence constante d'une valvulve qui arrête le bec de la bougie, quand on n'a pas le soin de le porter à la paroi inférieure de l'urèthre, et qu'on avait confondue jusqu'alors avec un état pathologique du canal. A tel point que Leroy (d'Etiolles) avait inventé des instruments pour la couper.

Avant ses études sur les rapports du maxillaire supérieur avec l'apophyse ptérygoïde, le seul signe connu des fractures du premier de ces os consistait dans la mobilité, le plus souvent très difficile à constater, des fragments. L'observation clinique et l'induction l'ayant amené à reconnaître que l'on produit de la douleur en portant le doigt sur l'aileron interne de l'apophyse ptérygoïde chez les malades qui ont une fracture du maxillaire supérieur, il se livra à des expériences dont le résultat a démontré la coïncidence invariable de la fracture des apophyses ptérygoïdes avec celle du maxillaire supérieur. De sorte que, dans les cas obscurs, et quand la mobilité du maxillaire est douteuse, celle de l'aileron de l'apophyse ptérygoïde suffit pour faire reconnaître la fracture.

Dans l'anthrax, au lieu de pratiquer l'incision cruciale sur la tumeur, M. Guérin la pratique dans toute la profondeur et dans toute l'étendue de la partie affectée, mais en ne faisant à la peau qu'une petite ouverture centrale pour le passage du bistouri. C'est une application de la méthode sous-cutanée, qui a été généralement appréciée, et dont les bons résultats s'affirment, d'ailleurs, par l'absence de toute cicatrice et par une guérison plus rapide de cette redoutable maladie.

Il y aurait encore beaucoup à glaner dans les diverses publications de M. Guérin. Mais nous nous bornerons à signaler les suivantes à l'attention du lecteur.

IV

INDEX BIBLIOGRAPHIQUE

1845. — *Du traitement des fractures qui se consolident vicieusement.* (*Archives générales de médecine, mai et juin 1845.*)

6

Mémoire sur les rétrécissements de l'urèthre. (Mémoires de la Société de chirurgie, t. IV.)

1860. — *Rapport sur la luxation de l'avant-bras en avant. (Bulletins de la Société de chirurgie.)*

1860. — *Communication sur l'hypertrophie du col de l'utérus.* (Société de chirurgie, 1860.)

1863. — *Rapport à la Société de chirurgie sur un mémoire intitulé : Etudes cliniques des rétrécissements syphilitiques de la trachée,* par M. Boeckel.

1864. — *Note sur la possibilité de confondre une tumeur fibreuse avec un enchondrome.*

1864. — *Note sur la difficulté du diagnostic de certains corps fibreux de l'utérus.* (Lue à la Société de chirurgie.)

Communication à la Société de chirurgie sur la rugination de la surface d'implantation des polypes naso-pharyngiens. (Bulletins de la Société de chirurgie.)

Mémoire sur les fonctions du bulbe de l'urèthre et sur le mécanisme de l'excrétion de l'urine et du sperme. (Lu à l'Académie de médecine au mois d'octobre 1850.)

Traité de chirurgie opératoire. (5ᵉ édition.)

Maladies des organes génitaux externes de la femme. (Leçons professées à l'hôpital de Lourcine.)

Plusieurs articles dans le *Dictionnaire de médecine et de chirurgie pratiques.*

Maladies des organes génitaux internes. (En voie de publication.)

V

NOTICE BIOGRAPHIQUE

M. Alphonse Guérin naquit à Ploermel (Morbihan), en 1817. Sa mère, restée veuve avec une très petite fortune, lui apprit à lire dans la Vie de Duguesclin, de Bertrand le Têtu, comme on l'appelle encore dans le pays, et surveilla ensuite ses études classiques. C'est au dévouement intelligent de cette femme d'élite que le créateur du pansement ouaté et son frère, aujourd'hui président de la Cour de Bourges, aiment à rapporter tous leurs succès.

De dix à seize ans, le jeune Alphonse, dominé par un penchant irrésistible pour la marine, n'aspirait qu'à sortir du collége pour entrer à l'École préparatoire de Lorient. Quand il n'eut plus que six mois pour atteindre la limite d'âge, sa mère l'autorisa enfin à préparer son examen, mais elle refusa de lui donner des maîtres. Seul, et en répétant « que la persévérance mène à tout, » il apprit, en six mois, l'arithmétique, la géométrie, les deux trigonométries, un peu d'algèbre et de statique.

Néanmoins, le concours ne lui fut pas favorable.

Loin de se laisser décourager par cet échec, qui fut attribué à une émotion malencontreuse, son ambition change bientôt d'objectif : il pense à l'Ecole polytechnique. Il préparait déjà ses examens avec la ténacité d'un Breton bretonnant, lorsqu'une de ses cousines, fille de médecin, religieuse de l'Ordre de la Sagesse et directrice de la pharmacie de l'hôpital de Bourbon-Vendée, proposa à madame Guérin une place d'interne pour l'un de ses fils.

Celle-ci accepta pour Alphonse qui obéit plus qu'il n'acquiesça à la décision maternelle.

La sœur Saint-Yves fut le premier maître du jeune interne, qui apprit bien vite la petite chirurgie, mais non sans éprouver pour la phlébotomie un invincible éloignement. Pour triompher de cette répugnance, voici l'expédient auquel la bonne sœur, sa cousine, crut devoir recourir ; c'est M. Guérin qui va parler :

« Ma cousine, nous racontait-il dernièrement, avec une émotion mal contenue, me fit appliquer le bandage classique sur son bras ; puis, après une leçon digne d'un professeur de médecine opératoire, quand elle crut que je l'avais bien comprise, elle voulut être saignée par moi. Je m'y refusai. Le lendemain, elle reprit sa démonstration et je cédai à sa prière ; mais je n'eus pas le courage d'aller au-delà de la peau. Il faut vous dire qu'elle était phthisique et que son bras était déjà bien amaigri.

» Elle me fit recommencer l'opération sur l'autre

bras. Le sang ayant jailli, sa joie me fit oublier un instant la cruauté inutile dont je venais de me rendre coupable. »

Aguerri par ce premier exploit, le jeune interne se trouva en état de faire face aux exigences de la situation qui lui fut créée par le départ de ses camarades. L'hôpital ne recevait pas moins de deux à trois cents malades qui tous, invariablement, étaient saignés, dès leur entrée, et même, le plus souvent, plusieurs jours de suite. C'était, comme on voit, le bon temps du Broussaisisme.

A la vérité, les cadavres abondaient à l'amphithéâtre, et, s'il avait eu un maître, l'occasion eût été belle pour M. Guérin d'étudier l'anatomie. Faute de mieux, il se rabattit sur la clinique, versant à flots le sang des pneumoniques, à la satisfaction des chefs de service, des religieuses, qui lui prodiguaient leurs encouragements.

Deux ans après ce noviciat sans direction, il arriva à Paris, où les leçons d'Orfila, d'Andral et de Bouillaud enflammèrent son imagination. Le concours ouvrait aux travailleurs des perspectives va-

riées. Se préparer aux luttes qu'il entraîne, et devenir ainsi médecin ou chirurgien des hôpitaux, telle
fut bientôt son idée fixe.

En 1841, le concours pour l'internat lui fut pro-
pice, et l'année suivante il était lauréat. Tour à tour
aide d'anatomie à la Faculté de médecine, de 1843
à 1846 ; prosecteur de l'amphithéâtre des hôpitaux,
de 1849 à 1853 ; en 1850, chirurgien du Bureau
central des hôpitaux ; de 1858 à 1861, chirurgien
de l'hôpital de Lourcine ; en 1862, chirurgien de
l'hôpital Cochin ; en 1863, chirurgien de l'hôpital
Saint-Louis ; il est placé en ce moment à la tête
d'un important service à l'Hôtel-Dieu.

Membre de la Société de chirurgie dont il a été
président ; membre de l'Académie de médecine dont
il a souvent alimenté les discussions ; deux fois porté
au conseil général du Morbihan par les suffrages
spontanés de ses compatriotes, et trois fois élu, par
ses collègues les chirurgiens des hôpitaux de Paris,
membre du Conseil d'administration de l'Assistance
publique, on peut dire des succès de **M. Guérin**

que, s'il les a tous mérités, quelques-uns ont étonné sa modestie.

Un jour, la fortune elle-même lui a souri sous les traits du Pontife, si cher à la douce Revalescière. C'était en 1863 ; Pie IX étant souffrant, son entourage alarmé eut l'idée d'en appeler aux lumières de M. A. Guérin, qui vit cinq à six fois l'auguste malade en consultation avec M. Viale, son premier médecin. Eh bien ! malgré l'heureuse impression laissée par ses bons soins, M. A. Guérin ne put se laisser entraîner par l'exemple de Nélaton, qui commençait à apprendre ce que peut rapporter à son auteur la cure d'une personnalité en vue.

Et voilà comment il ne jouit que de l'*aurea mediocritas* chantée par le poète de Tibur.

M. AMUSSAT

ou

LA GALVANO-CAUSTIQUE

THERMIQUE VULGARISÉE

I

« Quand on voit avec quelle merveilleuse facilité l'instrument tranchant se prête aux opérations chirurgicales les plus diverses, avec quelle puissance et quelle précision une main habile, éclairée par l'anatomie, peut le diriger dans les profondeurs de l'organisme, on comprend facilement le dédain qu'inspirait à certains opérateurs éminents du commencement de ce siècle, et qu'inspire encore à beaucoup de chirurgiens de nos jours, toute tentative pour rétrécir le domaine de cet admirable agent de division, au profit des méthodes en apparence brutales de la ligature ou de la cautérisation. Mais, tout en tenant compte de ses avantages incontestables, si l'on considère que cette brillante méthode de l'incision a la funeste prérogative d'exposer, plus qu'aucune autre, d'une part aux accidents hémorrhagiques, d'autre part et surtout à l'infection purulente, on sera moins étonné de voir que la chirurgie, préoccupée avant tout de la vie des hommes, cherche à réhabiliter les méthodes qui mettent à l'abri de ces accidents et redouble d'efforts pour perfectionner leurs procédés.

» Parmi ces méthodes, la cautérisation est certainement l'une des plus importantes, tant par son admirable puissance hémostatique que par l'innocuité remarquable de ses conséquences traumatiques.

» Aussi, malgré le dédain qu'ont encore pour elle un grand nombre d'opérateurs, sommes-nous persuadé que le temps n'est pas loin où elle occupera dans la chirurgie une place considérable (1). »

(1) Mémoire de M. Maisonneuve *sur la cautérisation en flèches*. 1858.

Parlant de la cautérisation, en général, ainsi s'exprimait M. Maisonneuve, il y a aujourd'hui seize ans, les faits lui ont surtout donné raison pour le mode de cautérisation qui fait l'objet de cette étude. En ce temps-là, la Galvano-caustique thermique était, à bon droit, qualifiée de « méthode d'exception. » Que faire, en effet, avec les piles de Bunsen et de Grove, plus ou moins inconstantes, nécessitant l'emploi de grandes quantités d'acide nitrique, dont les vapeurs saturaient l'atmosphère de l'opérateur, enfin si peu portatives et, tout au plus, utilisables dans des salles d'hôpital ? On peut dire de la galvano-caustique thermique qu'elle n'a commencé à devenir une méthode chirurgicale vraiment usuelle, que du jour où, sur les indications de M. Broca, Grenet fabriqua la pile, à un seul liquide, qui porte et qui gardera son nom. On sait que cette pile fonctionne au moyen du bichromate de potasse dissous dans un mélange d'acide sulfurique et d'eau, suivant la proportion d'un sixième d'acide pour un litre d'eau. Avec cet appareil, s'ouvrirent des perspectives imprévues. On se remit un peu partout à

l'œuvre, et les résultats obtenus permirent d'espérer
que le temps n'était pas loin où, pour nous servir
d'une parole de M. Maisonneuve, la galvano-caustique
thermique occuperait dans la chirurgie, à côté de
l'Ecrasement linéaire, « une place considérable. »
Pour en arriver là, que restait-il à faire ? Perfectionner l'œuvre de Grenet, qui présentait quelque
inconvénient. D'entretien difficile, la nouvelle pile
était sujette à des dérangements qui nécessitaient
toujours l'intervention du fabricant. De là des frais
onéreux qu'il importait d'éviter pour la vulgarisation
de la méthode. C'est ce qui préoccupa plus particulièrement M. Amussat, et c'est bien ici que son
nom devait se placer, à la suite de M. Broca, dans
l'histoire de la constitution définitive de la galvano-
caustique thermique.

En effet, M. Trouvé, un de nos plus habiles
fabricants d'appareils électriques, que M. Amussat avait chargé du soin de faire réparer sa pile
Grenet, et à qui il se plaignait de cette nécessité
beaucoup trop fréquente, lui fit observer que, pour
en rendre le nettoyage facile et pour en prévenir

les dérangements, il suffirait de rendre mobiles les éléments de l'appareil. Séduit par cette idée ingénieuse, M. Amussat ne songea plus qu'à la réaliser. Après quelques essais plus ou moins infructueux, voici le modèle en carton qu'il put soumettre, enfin, à l'examen de M. Trouvé.

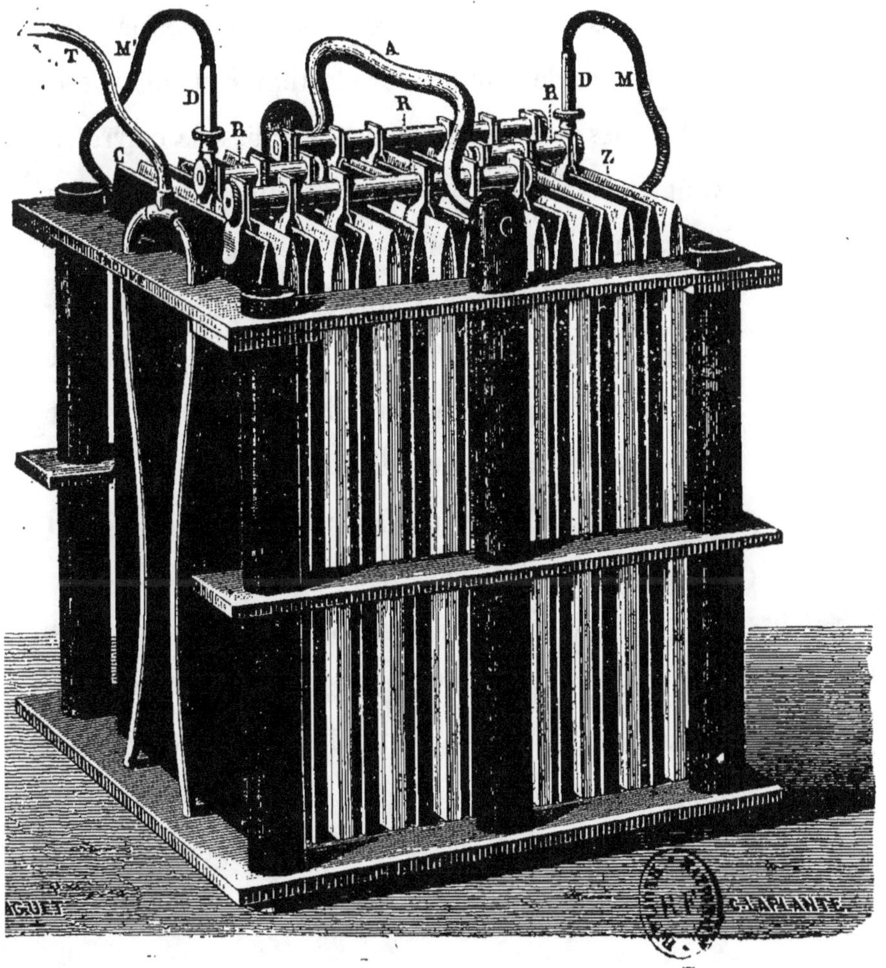

C'est une cage en caoutchouc durci, dans laquelle sont placés des charbons et des zincs en nombre égal, maintenus à distance par les règles supérieure et moyenne de la cage, qui sont divisées comme une crémaillère. Les zincs et les charbons sont tranchants à leur partie supérieure pour recevoir les contacts. Ceux-ci sont constitués par des pinces de cuivre très élastiques et distancées entre elles par des tronçons de tubes de cuivre, le tout embroché sur une tige de cuivre et serré par deux écrous. Les réophores s'ajustent au moyen de pinces à coulant très simples sur des tiges en rapport avec les contacts. La caisse à air de la pile Grenet est remplacée par un tube de caoutchouc percé de trous en face de deux ouvertures longitudinales taillées dans la plaque inférieure, qui supporte tous les éléments.

M. Trouvé, poursuivant son idée première, réduisit cet appareil à sa plus simple expression, en construisant la pile suivante. Ici, la cage est formée uniquement par trois plaques de caoutchouc durci, dont l'une sert de base et les deux autres forment les montants. Elles sont maintenues à la partie supérieure par la poignée même. L'écartement des éléments est obtenu très simplement, au moyen de jarretières en caoutchouc, que l'on place en haut et en bas des charbons.

Ces jarretières en caoutchouc, en cas de choc violent, servent de coussins, et préviennent dans bien des cas la rupture des charbons.

L'insufflation se fait également au moyen d'un tube de caoutchouc percé de trous.

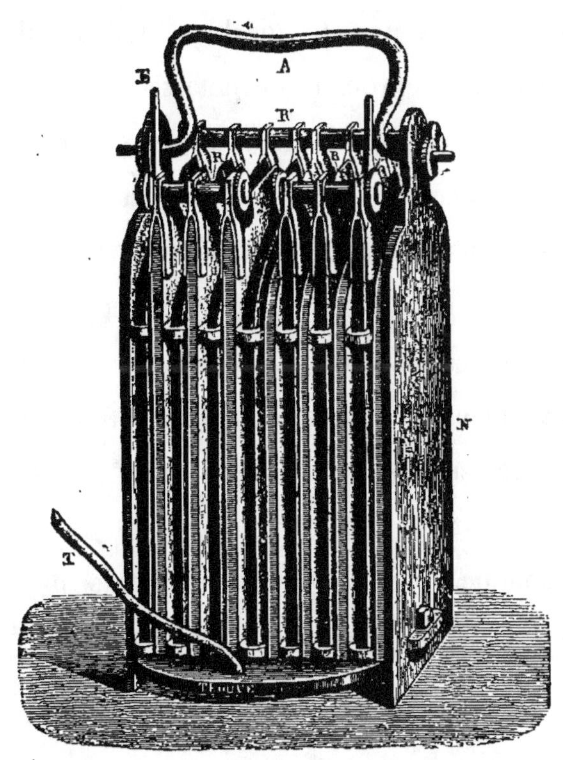

La figure ci-dessus représente une pile qui, par son volume, constitue l'appareil le plus petit. C'est la pile des dentistes. Des appareils plus grands furent faits sur la demande de M. Amussat, qui en utilise trois autres de dimensions inégales, suivant le genre d'opération qu'il a à pratiquer.

Le premier s'emporte dans une poche de paletot ou de pardessus. Pour les autres, M. Amussat s'est muni d'une boîte doublée en plomb et pouvant recevoir, avec la pile, un flacon d'acide sulfurique enfermé dans un étui de buis, un ou plusieurs paquets de bichromate de potasse finement pulvérisé, de 100 grammes chacun, et ses conducteurs en fils d'argent très fins, accolés les uns aux autres dans une enveloppe isolante faite avec des fils des soie : le tout d'un transport facile et sûr à toutes les distances. La caisse en plomb s'altérant au contact des bains, notre confrère en a fait exécuter en caoutchouc durci, qui n'ont pas cet inconvénient.

Comme, en matière de chirurgie pratique, il n'est pas de détail inutile, on nous pardonnera d'appuyer sur ces particularités ; d'autant plus que l'impopularité de la galvano-caustique thermique ne peut être expliquée — sauf ignorance réelle ou calculée — que par l'imperfection ou les inconvénients des appareils primitifs.

Mais un bon instrument ne suffit pas à un opérateur ; encore faut-il savoir s'en servir.

Nous ne disons pas des chirurgiens qui « font de la galvano-caustique » dans nos hôpitaux, qu'ils ont quelque chose à apprendre ; toutefois la plupart opèrent trop vite et se privent, ainsi, du bénéfice de l'hémostase, faute de temps assurément.

Aucun n'enseigne la méthode ; car elle ne consiste pas uniquement à recevoir des mains d'un fabricant, transformé en aide, l'anse ou le couteau galvanique, à les appliquer, tenir ou conduire avec plus ou moins de précipitation. Sans doute, alors, l'appareil est en état ou prêt à fonctionner. Mais qui a vu comment se fait le bain, comment les rhéophores s'attachent à la pile ; comment aux rhéophores se fixent le sécateur, ou les pinces, à celles-ci l'anse métallique elle-même ?

Le professeur disserte sur le cas, son entourage écoute, et le fabricant fait sa besogne dans un coin.

M. Amussat, au contraire, fait coopérer ses aides aux diverses manœuvres. De sorte que, l'opération terminée, chacun en emporte un souvenir ineffaçable et se dit ·

— J'en ferais bien autant.

Voici son *modus faciendi*, tel qu'il nous a été donné de l'étudier *de visu*.

II

S'il y a lieu — ce qui arrive communément — le sujet est soumis aux inhalations chloroformiques. Entre-temps, un autre aide fait, dans la caisse en plomb ou en caoutchouc durci, le bain d'acide sulfurique et d'eau, dans les proportions indiquées plus haut, en ayant soin, d'abord, d'agiter le liquide avec un bâton pour obtenir le mélange de l'eau et

de l'acide, et puis de faciliter la dissolution du bichromate de potasse qui est ajouté au bout de 4 à 5
minutes. Cela fait, **M.** Amussat fixe les rhéophores
à la pile, et aux rhéophores, soit le sécateur, soit
les pinces destinées à recevoir l'anse métallique,
soit le couteau galvanique, suivant le genre d'opération à pratiquer.

Aussitôt que l'anesthésie a été obtenue, la pile
est introduite dans le bain, qu'on a eu soin de placer
auprès du malade, et confiée à la direction d'un aide.
Celui-ci ne doit pas perdre de vue l'anse ou le couteau et être attentif aux indications de l'opérateur.
Il est des cas — pour les petites tumeurs, pour le
phimosis, par exemple, — où la pile n'est immer-
gée que d'un tiers, afin d'éviter un excès de calo-
rique qui rendrait la section trop brusque et par-
tant sanglante. Dans les opérations de moyenne
durée, la pile descend de moitié dans le bain,
où de légères oscillations de va-et-vient lui sont
imprimées de temps à autre pour régulariser l'intensité du courant. Quand il s'agit, au contraire,
de l'ablation d'une tumeur du sein, d'un lipôme,

en un mot d'une tumeur volumineuse, non-seulement la pile plonge tout entière dans le bain,
mais encore est-il indispensable, surtout dans les
derniers temps de l'opération, de remuer le liquide
autour de la pile avec un bâton. Le couteau se
maintient ainsi à la température voulue.

Grâce à ces manœuvres, M. Amussat a rarement
vu l'anse se briser au cours de l'opération, ou le
couteau se refroidir. Est-il besoin d'ajouter que
l'hémostase ne s'obtient qu'à ce prix? Exemples
pris au hasard dans nos souvenirs personnels :

1° *Fistule à l'anus*. — En pareil cas, M. Amussat fixe aux rhéophores les pinces à torsion de son
père, munies d'appendices quadrangulaires.

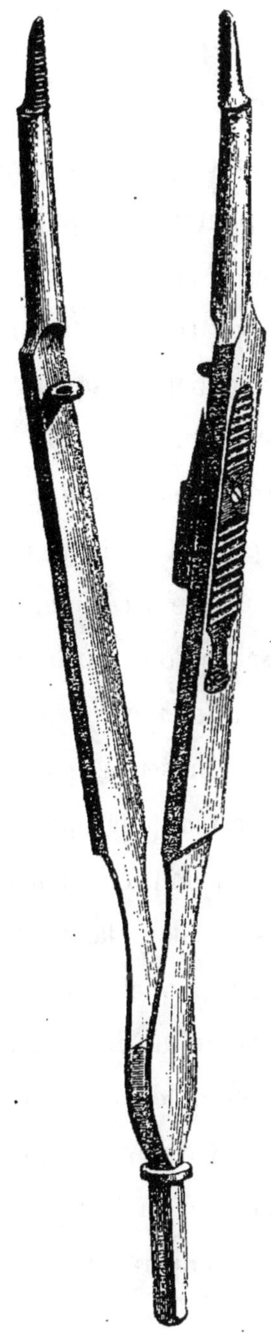

7.

Puis, après avoir introduit le fil de platine dans le trajet fistuleux et placé un gorgeret ou un spéculum en buis pour isoler les parties voisines, il en saisit un des chefs avec une des pinces et la fixe, et l'autre chef avec l'autre pince, faisant glisser celle-ci sur celui-là, jusqu'à ce que le fil soit à la température voulue. Ce dernier résultat obtenu, la seconde pince est fixée comme la première. Tirant alors doucement sur le fil, il coupe les tissus. Cette section peut être accélérée, au besoin, par un mouvement de scie qu'on imprime au fil.

2° *Amputation de la verge*. — Elle a été pratiquée, en notre présence, par M. Amussat, au moyen de son sécateur galvanique.

Cet instrument comprend l'anse de platine, la canule double isolée dans laquelle passe le fil de platine, et enfin le manche armé d'un treuil. Ce treuil est composé d'un barillet en ivoire percé d'outre en outre pour le passage du fil, d'une lame médiane graduée, et d'un interrupteur. La canule double est entourée d'un fort cordonnet de soie afin de permettre à l'opérateur de bien comprimer les tissus, et de vider les vaisseaux avant de les couper.

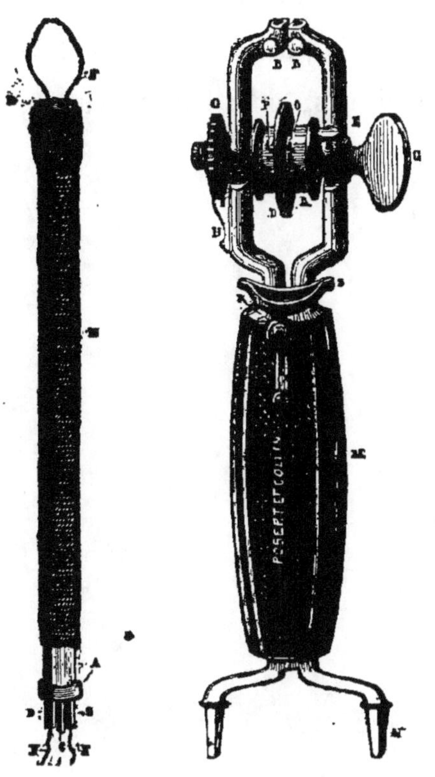

Chacun a déjà compris la pensée de l'auteur de cet ingénieux mécanisme. M. Amussat a voulu se prémunir contre toute éventualité défavorable. La marche du fil se trouve ainsi réglée, et si, pour une raison quelconque, il devenait nécessaire de suspendre l'opération, le courant peut être interrompu à volonté.

Du reste, le *sécateur galvanique* est l'instrument qu'il emploie le plus communément. Pour les opérations délicates, nous l'avons vu se servir de la réduction que voici :

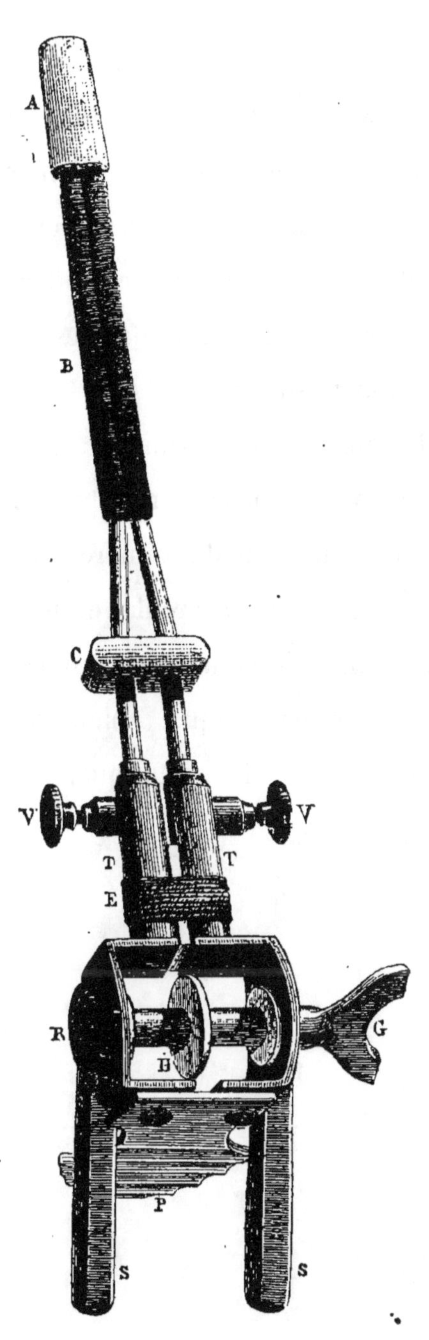

3° *Tumeurs du sein.* — Le bistouri, dont se sert M. Amussat, est composé d'un manche en ébène traversé par deux tiges en argent isolées, supportant une lame de platine fendue au milieu, comme on le voit dans les modèles de grandeur différente ci après-figurés.

Nous l'avons vu, en certains cas, alors que la disposition de la tumeur comportait cette combinaison de deux moyens d'ordinaire exclusifs, commencer par une incision circulaire de la base, et, la tumeur ainsi pédiculisée, continuer l'opération avec le sécateur galvanique, bien supérieur au bistouri en puissance hémostatique.

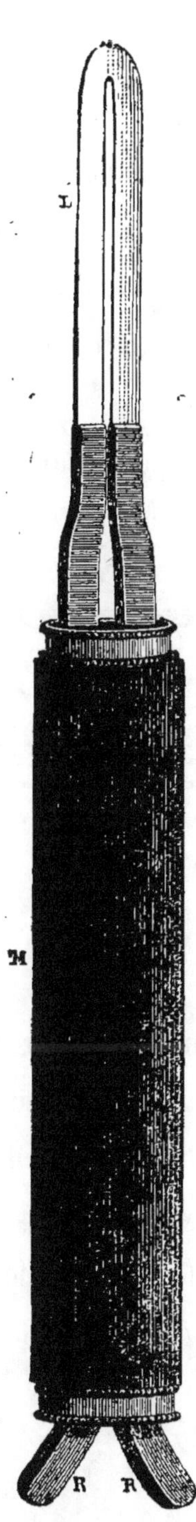
L
M
R R

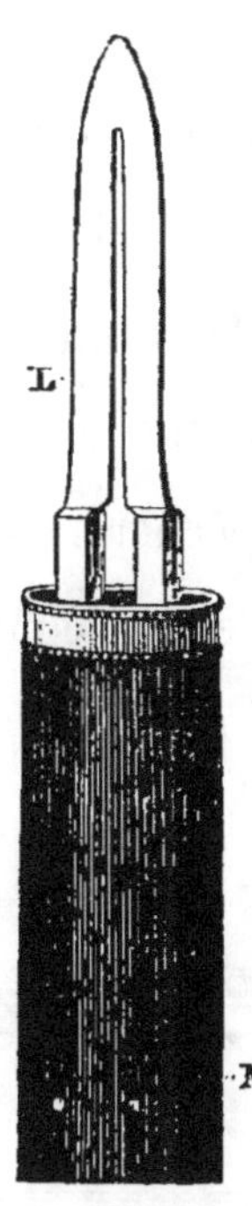
L
M

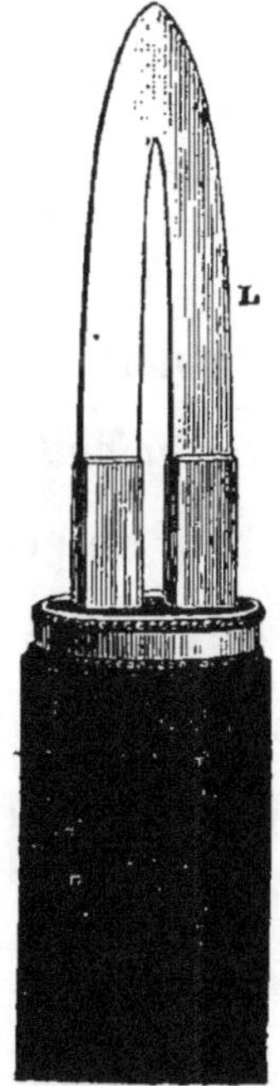
L

Il nous souvient, aussi, que, pour les tumeurs pédiculisables du sein, M. Amussat a l'habitude de saisir la tumeur entre des rainures d'acier, garnies d'une lame très-mince d'ivoire, dans le but d'empêcher la déviation du courant par l'armature. Cette pédiculisation de la tumeur avec compression de la base, a pour but de vider les vaisseaux avant la section par le fil de platine.

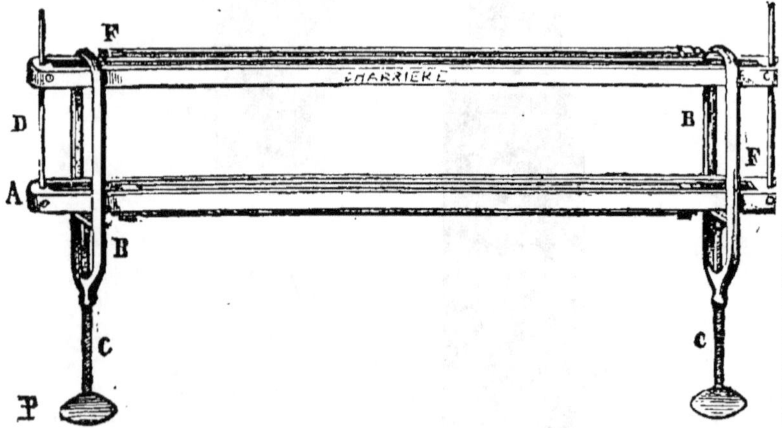

Autre particularité non moins intéressante de son *modus faciendi* : étant donnée une tumeur du sein à base un peu étendue et difficile à isoler, pour être certain que le fil passera bien au-dessous, M. Amussat établit une sorte de plancher avec des tiges en ivoire passées au-dessous de la tumeur ;

ensuite, il fait passer le fil au-dessous de ce plancher, avant de l'introduire dans le sécateur. L'im-

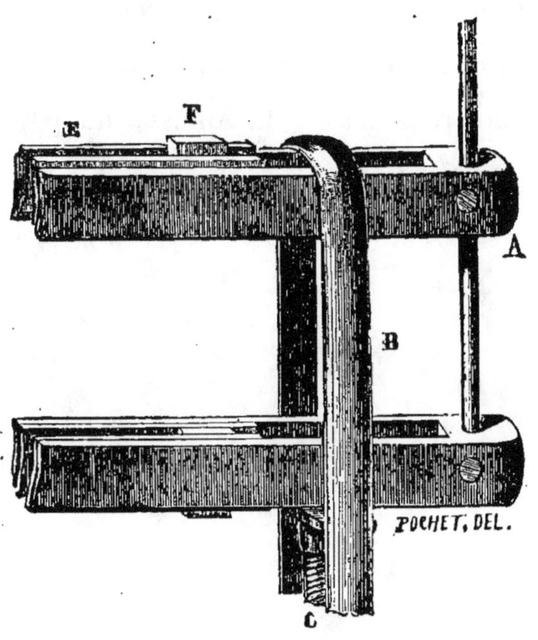

portance de cette manœuvre n'échappera à personne : il est manifeste que le fil ainsi engagé n'est
plus susceptible de la moindre déviation.

A quoi, avant lui, personne n'avait encore son-
gé, et ce qu'il est encore le seul à faire.

Constatons, en outre, que, vers la fin d'une opération un peu longue, les canules doubles deve-

nant mauvaises conductrices, **M.** Amussat tire sur l'anse métallique, pour achever la section.

4° *Cautérisation du col de l'utérus, etc., etc.* — Pour ce genre d'opérations, la galvano-caustique est encore redevable à **M.** Amussat du porte-cautère que voici :

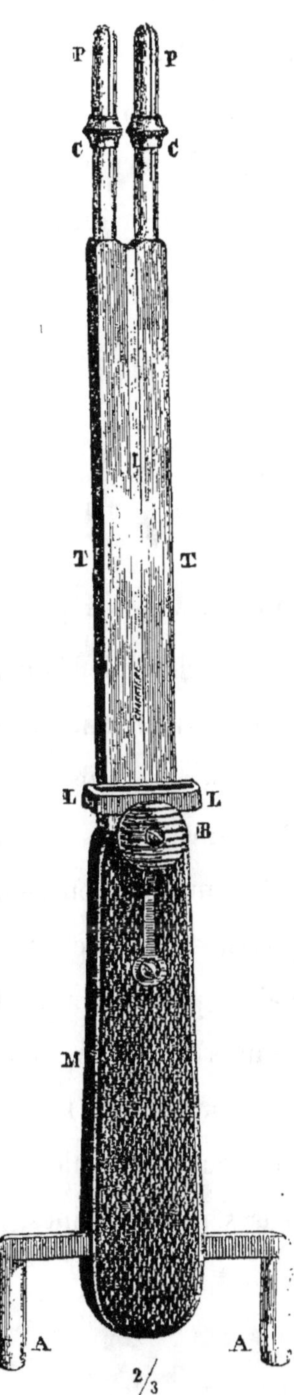
P
P
C
C
L
T
T
L
L
B
M
A
A
2/3

Cet instrument reçoit des anses de fil métallique, des anses formées avec des rubans de platine auxquels on donne la forme que l'on veut.

De plus M. Amussat a imaginé ce petit cautère en cupule :

Pour tout dire, il emploie aussi, à l'occasion, le galvano-cautère tranchant de Middeldorff.

Grâce à l'appareil instrumental si varié, que les progrès de la science ont mis à sa disposition et qu'il a lui-même enrichi de son propre fonds et perfectionné, M. Amussat a pu étendre les applications de la galvano-caustique thermique bien au delà du domaine particulier de l'Écrasement linéaire, son immortel puîné. Aussi a-t-il pratiqué de nombreuses ablations de tumeurs du sein, de lipômes, de tumeurs pédiculées de la peau, de tumeurs fibreuses intra-utérines, de polypes utérins et rectaux, de tumeurs des lèvres (bouche, vulve), d'hémorrhoïdes, d'amputations de la verge, des doigts, etc. Il a opéré des fistules, des rétrécissements du rectum, des varicocèles; sectionné les lèvres du col de l'utérus, pour ouvrir une issue à un polype volumineux qu'il a opéré avec succès — nous avons assisté à l'une de ces opérations et constaté le résultat — la cystotomie sus et sous-pubienne, avec le fil et le couteau galvanique; enlevé une énorme tumeur fibreuse interstitielle de la paroi antérieure de l'utérus, qui a donné lieu à de beaux dessins réservés pour l'œuvre d'ensemble qu'il prépare. N'a-t-il pas cautérisé, aussi, avec le cautère galvanique l'angle d'une déchirure du périnée, comme le faisait Cloquet avec le fer rouge? pratiqué l'opération du phimosis, avec le sécateur, le fil de platine et enfin avec le couteau galvanique?

Nous voilà donc bien loin de la « méthode d'exception » dont M. Broca parlait dans son rapport sur les travaux de Middeldorff. Il faut enfin le dire, il faut que les élèves sachent ce que la Galvano-caustique thermique réserve, comme l'Écrasement linéaire, d'avantages à tout praticien qui voudra s'en servir. Tel praticien, qui reculera devant la perspective d'une hémorrhagie et de ligatures à faire, peut s'armer avec confiance de l'écraseur ou des instruments galvaniques. Sauf les cas où le chloroforme ne peut être évité, combien faut-il d'auxiliaires? Un seul suffit le plus souvent, et quelquefois le chirurgien n'a besoin d'aucun concours.

Donc, jamais méthode opératoire ne fut plus accessible à tous les praticiens.

Réparons un oubli d'une importance extrême.

Deux règles de conduite dirigent la pratique de M. Amussat : quel que soit l'instrument employé, son premier soin est d'agir lentement. Mais l'absence de tout écoulement de sang pendant l'opération n'exclut pas la surveillance du malade jusqu'à la chute de l'escarre, qui est quelquefois suivie de pertes de sang. C'est le second point fondamental sur lequel il ne manque jamais d'appeler la vigilance de ses aides ou témoins.

Ceci nous conduit à parler du pansement adopté par M. Amussat.

On sait que l'eau à une température moyenne, c'est-à-dire entre 18° et 25°, participant des propriétés de l'eau froide et de l'eau chaude, détruit l'éréthisme et la douleur qui suivent ordinairement les opérations; prévient et empêche souvent l'inflammation et le développement de la fièvre traumatique, modère ou fait cesser ces phénomènes, lorsqu'ils se sont déjà manifestés; enfin favorise la réunion immédiate. Fidèle à la pratique de son père, qu'il a, du reste, exposée dans son excellente thèse inaugurale (1), M. Amussat procède ainsi qu'il suit :

Il applique sur la plaie un morceau de tulle, à large maille, désigné par son père sous le nom de *crible*, à cause de sa destination qui est de laisser passer le pus à mesure qu'il se forme; par-dessus ce crible, un disque de vieux linge, de grandeur appropriée, préalablement imbibé d'eau tiède; un

---

(1) *De l'emploi de l'eau en chirurgie.* Paris, Germer-Baillière, libraire-éditeur, 1850.

second disque d'agaric, qui sert d'absorbant ; et par-
dessus le tout, un tissu imperméable quelconque
qui, tout en maintenant les autres pièces du pansement, s'oppose à l'évaporation de l'eau.

En hiver, M. Amussat préfère à l'eau, qui occa-
sionne des refroidissements, l'usage des cataplasmes
de farine de riz, pendant la nuit, et, pendant le
jour, de la charpie fine et sèche (comme moyen
stimulant) qu'on recouvre de ouate de coton.

- M. Amussat qui, à la différence d'un trop grand
nombre de chirurgiens, est doublé d'un médecin,
cherche ensuite, chez ses opérés d'affections cancéreuses, à prévenir ou à retarder aussi longtemps
que possible les récidives. Dans ce but, il combine
avec l'usage des dépuratifs, *l'entretien indéfini
d'un vésicatoire* sur un point éloigné de celui où
siégeait la tumeur. Jusqu'ici, cette pratique ne lui
a donné que de bons résultats. Des malades,
opérés depuis deux ans, trois ans, cinq ans même,
qu'il nous a mis à même de voir ou d'examiner,
nous ont pleinement édifiés à cet égard. Non, sans
doute, que, au cours de sa pratique, il n'ait eu à

déplorer plus d'un mécompte ; mais, généralement, le but est atteint, et le nombre des récidives tend à diminuer.

Enfin, pour ne rien oublier d'important, après l'opération, il faut démonter la pile pour bien la nettoyer, et très soigneusement en essuyer les éléments. C'est la condition *sine qua non* de son bon entretien et de son bon fonctionnement ultérieur. Une pile ainsi traitée peut servir à un bon nombre d'opérations : ce qui répond à l'objection de ceux qui reprochent à la galvano-caustique d'être une chirurgie de luxe.

III

INDEX BIBLIOGRAPHIQUE

M. Amussat n'a pas encore publié de travail d'ensemble sur la méthode opératoire, dont il poursuit avec autant de persévérance que de sage réserve la vulgarisation. Mais nous croyons savoir

que, pour avoir attendu, les praticiens n'y per-
dront rien.

Les prémices de son œuvre future ont été parta-
gées entre les comptes rendus des sociétés savantes, les revues et quelques journaux de médecine.

Parmi ces diverses communications, nous signa-
lerons seulement les suivantes :

1° Une première à l'Académie des sciences, portant la date du 4 juillet 1853 ; une seconde, à la
date du 16 octobre 1854.

2° Une note sur son *porte-cautère galvano-
caustique. (Gazette des hôpitaux*, 1865.)

3° La relation d'un *varicocèle du côté gauche*,
opéré par la galvano-caustique.(*Loco citato*, 1866.)

4° De la galvano-caustique. (*France médicale*, 1866.)

5° Ablation d'un sarcocèle encéphaloïde au moyen
de la galvano-caustique. (*Gaz. des hôpitaux*, 1866.)

6° Sécateur galvanique du D' Alphonse Amussat. (*Journal de méd. et de chir. pratiques*, 1864.)

7° De l'emploi de la galvano-caustique dans le

traitement de quelques affections des voies urinaires. (In-8°, Paris, 1871.)

8° Traitement du cancer du col de l'utérus par la galvano-caustique thermique. (*Union médicale*, 1871.)

9° De la galvano-caustique chimique. (*Gazette méd. de Paris*, 1871.)

10° Traitement des kystes séro-sanguins du cou par l'électricité. (*Bulletin gén. de thérapeutique*, 1873.)

11° Amputation de la verge par le galvano-cautère. (*Journal de méd. et de chir. pratiques*, 1874.)

12° Traitement du phimosis au moyen de la galvano-caustique thermique. (*Gazette des hôpitaux*, 1874.)

13° Enfin, sous le titre de l'Électrothérapie dans certaines affections des voies urinaires, la suite bien remarquable d'une étude mentionnée ci-dessus. (*Gazette méd. de Paris*, 1874.)

IV

NOTICE BIOGRAPHIQUE

Petit-fils d'un médecin très distingué de Saint-Maixent ; fils d'un des chirurgiens les plus éminents de la première moitié de ce siècle, le vulgarisateur de la galvano-caustique thermique a hérité des qualités professionnelles de sa race.

Heureuses les familles médicales qui ont de telles traditions !

M. Amussat (Auguste-Alphonse) est né à Paris en 1820.

Il a fait ses études médicales pour ainsi dire en partie double, suivant concurremment les cours de la faculté de médecine et la pratique de son père. En 1850, il fut reçu docteur.

Un commerce assidu avec son père développa de bonne heure son penchant inné pour la chirurgie. C'est aussi, à cette école, qu'il apprit « à comprendre » les malades, à les aimer, à leur parler le doux

» langage de la persuasion, pour les décider aux
» opérations les plus graves, alliant la prudence à
» la fermeté, ne reculant jamais devant la difficulté
» quand il entrevoyait la réussite. » Ce jugement,
porté sur le père par un de ses meilleurs biogra-
phes, donnerait une idée trop incomplète de la nature du fils, si nous ne poursuivions la ressemblance avec le pinceau même qui vient de nous
fournir les premiers traits (1).

« Passionné pour son ministère, artiste dans son
» art, plein de commisération pour tous, d'une pa-
» tience infatigable, » il n'a jamais oublié le précepte que son père avait coutume de répéter aux
élèves et confrères qui suivaient ses conférences :

« Toutes les fois que vous aurez une opération
à faire, ne manquez pas, par la pensée, leur disait-
il, de vous mettre à la place du malade; figurez-
vous que vous allez être l'opéré. »

Comme homme privé, « bon et serviable à l'in-
fini, plein d'aménité dans ses relations, d'une ex-

(1) *Vie et travaux de J.-Z. Amussat*, par le Dᵣ Gouriel,
Niort, 1874.

8.

trême bienveillance pour ses confrères, » tel est encore **M. Amussat fils.**

Sa charité s'exerce, depuis plusieurs années, dans un dispensaire ouvert aux maladies des organes génito-urinaires de l'homme et de la femme, spécialité qui est, par tradition, l'objet de ses prédilections ; par tradition, disons-nous, pour rappeler à ceux qui l'auraient oublié, que des mémoires de son père sur la *possibilité de pénétrer dans la vessie avec une sonde droite,* ou sur le *cathétérisme rectiligne,* et sur la *lithotritie ou le broiement de la pierre dans la vessie* (1822), date l'avénement de la lithotritie.

M. DOLBEAU

ET

LA LITHOTRITIE PÉRINÉALE

———

Cette méthode opératoire et l'habile chirurgien qui, depuis tantôt quinze ans, s'efforce de la vulgariser, avaient leur place marquée dans notre galerie, pour plus d'une raison. Et d'abord, si l'idée de faire sortir la pierre par une plaie très petite et d'en faciliter l'extraction par le morcellement, n'est pas une idée nouvelle, la manière dont M. Dolbeau l'a réalisée est tout à fait originale. D'autre part, là où la lithotritie ordinaire est frappée d'impuissance, le nouveau procédé y supplée avantageusement. Enfin, la lithotritie périnéale n'a pas, comme la taille médiane, l'inconvénient d'exposer le patient à l'infection purulente et aux hémorrhagies mortelles. Tout cela résulte évidemment des chiffres que nous reproduirons plus loin, et trouvera son explication dans l'exposé sommaire du *modus faciendi*, propre à M. Dolbeau, et qui fait l'objet de cette note.

I

Et d'abord, qu'est-ce que la lithotritie périnéale?

C'est une opération par laquelle on se propose de briser en une seule séance une pierre volumineuse, et d'en extraire les fragments immédiatement.

Par quels moyens?

En pratiquant, sur le raphé périnéal et sur la portion membraneuse de l'urèthre, une petite incision qui ne blesse jamais le bulbe, et en dilatant la prostate et le col de la vessie, au lieu de les couper.

Cela dit, supposez le malade placé dans la situation généralement adoptée pour l'opération de la taille, et tout à fait endormi ; voici comment procède alors M. Dolbeau :

Il introduit très-lentement un cathéter à grande courbure et à cannelure aussi large que possible, et, après l'avoir confié à un aide qui devra le maintenir immobile et droit sur la ligne médiane, en ayant soin de déprimer la face inférieure de l'urèthre pour rendre celle-ci plus accessible au doigt de l'opérateur, il fait immédiatement en avant de l'anus une incision de 2 centimètres au plus, suivant exactement le raphé périnéal ; ouvre l'aponévrose qui ferme en bas le périnée ; refoule les tissus, avec le doigt indicateur gauche, dans l'angle postérieur de la plaie ; engage le bord droit de la cannelure du cathéter dans l'intervalle qui sépare l'ongle de la pulpe digitale, et, lorsqu'il est arrivé à percevoir la cannelure du cathéther, il fait sur son ongle, comme conducteur, une ponction de l'urèthre variant entre 5 et 6 millimètres d'étendue.

Cette ponction de l'urèthre une fois faite et sans quitter le cathéter, qu'il tient avec son ongle,

M. Dolbeau introduit lentement avec la main droite l'extrémité mousse de son dilatateur dans la rainure du cathéter, solidement maintenu dans une direction perpendiculaire à l'axe du périnée ; prend la plaque du cathéter de la main gauche ; abaisse cet instrument de telle façon que la tige, de perpendiculaire qu'elle était, par rapport à la paroi abdominale, ne forme plus un angle droit, mais bien un angle ouvert, de 130 à 140 degrés environ ; développant peu à peu le trajet périnéal et, celui-ci une fois établi, refermant le dilatateur qu'il introduit dans la vessie, tout en retirant définitivement le cathéter.

M. Dolbeau se garde bien, après avoir ponctionné l'urèthre, de pénétrer immédiatement dans la vessie. C'est pour avoir tenté cette manœuvre, sans dilatation préalable, que plusieurs chirurgiens ont regardé ce temps de l'opération, sinon comme impossible, du moins comme fort difficile. Lorsque le dilatateur est arrivé dans la vessie, il ne reste plus qu'à procéder à la dilatation du col, en ayant soin de s'arrêter jusqu'à ce qu'on éprouve

une trop grande résistance. Enfin, lorsque le développement de l'instrument est complet, on extrait
celui-ci, dont les six branches sont restées écartées.

Le casse-pierre employé, au début, par M. Dolbeau, n'est autre que la tenette classique, à mors

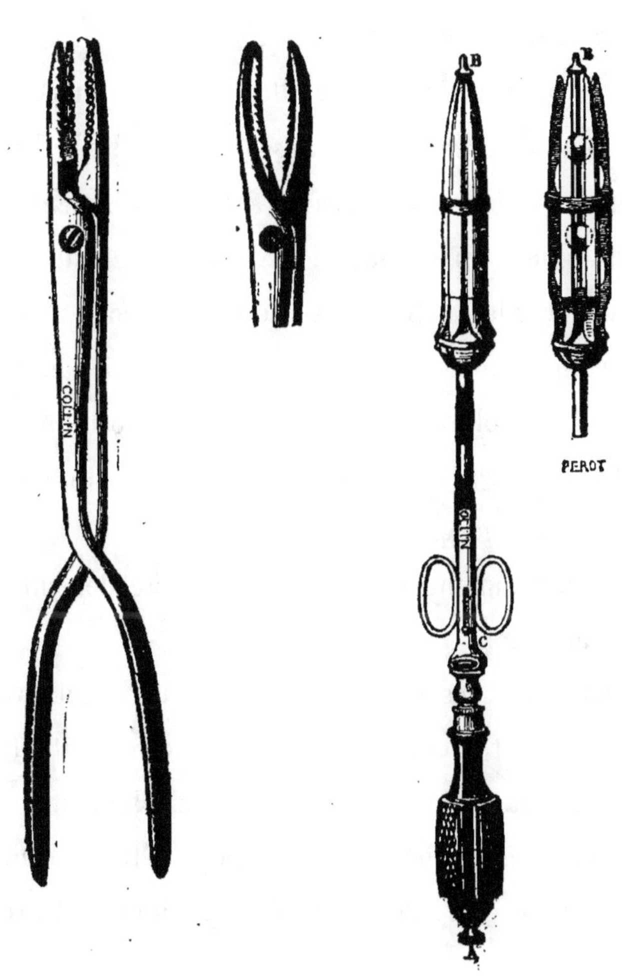

très-courts, à manches puissants, susceptibles d'être allongés au besoin, et à l'extrémité de laquelle il a fait ajouter deux dents. Les figures précédentes représentent cet instrument avec le perfectionnement réalisé par **M. Robert**, dans le courant de l'année 1871.

On voit que l'une des cuillers présente une crête médiane creusée de rainures transversales, et que l'autre, légèrement concave, a des bords dentelés faits pour correspondre aux dentelures du dos d'âne, avec lesquelles elles alternent. Avec ce nouvel instrument, on peut, par une petite plaie, broyer une pierre volumineuse et dure ; la disposition des cuillers assure le morcellement du calcul sans exposer à l'engorgement.

Voici comment s'opèrent et le morcellement et l'extraction.

Dans tous les cas, il faut franchir le col avec ménagement, pour s'assurer si la pierre peut être extraite sans déchirure du col ou si elle doit être abandonnée momentanément pour être ensuite fragmentée. Ces renseignements s'obtiennent avec la petite tenette n° 1, qu'on introduit doucement, les cuillers regardant l'une à gauche, l'autre à droite. Lorsqu'elle est parvenue dans la vessie, on l'ouvre largement, et, par un mouvement de rotation, on place l'une des cuillers dans le bas-fond. Alors quelques petits mouvements permettent de saisir la pierre; ou bien on acquiert la certitude que le volume du calcul est considérable et que l'instrument est trop petit pour le fixer.

Le casse-pierre doit être bien graissé et son introduction demande beaucoup de ménagement. Lorsque, par une série de pressions, on a acquis la certitude que le calcul a déjà été écorné à plusieurs reprises, ou bien encore que la pierre a été éclatée en totalité, il faut retirer le casse-pierre et introduire de nouveau la petite tenette. Les fragments moyens, les débris de toutes sortes seront successivement extraits; de plus on s'assurera facilement qu'il reste encore des fragments assez gros pour ne pouvoir pas franchir le col; ces derniers devront nécessiter une nouvelle intervention du casse-pierre.

Entre-temps, au cours de ses explorations, fragmentations et extractions, M. Dolbeau a l'habitude de faire des injections froides dans l'intérieur de la véssie, par le périnée, au moyen d'une seringue à anneaux, à laquelle s'adapte une sonde volumineuse de caoutchouc vulcanisé. Grâce à cette précaution, la manœuvre des instruments est plus facile, certains fragments deviennent plus accessibles, et l'hémorrhagie se modère.

Ce n'est pas tout : M. Dolbeau ne manque jamais de s'assurer qu'il ne reste rien dans la vessie. Il se sert, à cet effet, de la petite tenette droite, de la petite tenette courbe, de la curette et du boulon. De plus, — et cette précaution est, à ses yeux, d'importance suprême — il ne termine jamais l'opération sans avoir au préalable exploré la vessie au moyen d'une sonde métallique à petite courbure introduite par l'urèthre; le cathétérisme ordinaire ou régulier lui ayant permis, dans plusieurs circonstances, de constater l'existence de petits débris calculeux, alors que les recherches par le périnée lui avaient donné des résultats négatifs.

Enfin, faut-il panser le plaie? faut-il laisser une sonde à demeure, soit dans les voies naturelles, soit dans la voie accidentelle créée dans l'épaisseur du périnée ?

Abandonnant la cure aux seuls efforts de la nature, M. Dolbeau se borne, après avoir placé l'opéré sur une alèze de caoutchouc vulcanisé, à recouvrir la plaie d'une éponge fine soutenue par une serviette, sans placer de sonde dans le trajet périnéal. En en fixant une dans les voies naturelles, il craindrait de voir l'urine s'écouler de la vessie par la plaie, « à la faveur de la sonde qui, pense-t-il, tiendrait béant le col de l'organe. »

Jusqu'ici les résultats donnés par la lithotritie périnéale ont été des plus encourageants. Sur un total de 55 opérations pratiquées jusqu'à ce jour, on ne compte que 9 insuccès. Du reste, voici comment se répartissent les unes et les autres entre les chirurgiens qui ont suivi l'exemple de M. Dolbeau :

	Opérations.	Succès.	Morts.
MM. Duplay.	3	2	1
Besset.	2	2	»
Duplouy.	1	1	»
· Lannelongue.	1	1	»
Kracowzer.	3	3	»
Gouley.	3	3	»
	—	—	—
Totaux :	13	12	1

Quant à la statistique personnelle de **M. Dolbeau,** elle est encore plus significative. A côté d'un total de 26 opérations, on trouve 21 succès et 5 morts.

Aussi a-t-il pris le parti d'étendre encore plus loin l'application de sa méthode, réservant désormais la lithotritie pour les cas les plus simples.

II

On sait que le spina-bifida classique consiste dans une fissure osseuse du rachis avec intégrité de la peau et des membranes de la moelle. Plusieurs cas de cet arrêt de développement, par lui observés à l'hôpital des Enfants-Assistés, ont permis à M. Dolbeau de reconnaître et de décrire une double fissure des os et de la peau, les méninges restant intactes et formant une tumeur remplie par du liquide. Il a observé, aussi, le spina-bifida total, c'est-à-dire une lésion dans laquelle la peau, les membranes et les os sont simultanément frappés d'arrêt de développement : d'où résulte une solution de continuité très large, de forme symétrique, au milieu de laquelle se trouve exposée la moelle épinière.

A la suite des opérations de la taille se forment parfois de véritables fausses membranes, où viennent s'incruster des sels calcaires, et qui sont expulsées à la manière de la muqueuse intestinale au cours de certaines dyssenteries. C'est M. Dolbeau qui, le premier, a signalé ce curieux phénomène, de même qu'il a été conduit, par des recherches sur les kystes spermatiques, sur la grenouillette et sur les kystes de la mamelle, à placer leur siége anatomique dans une dilatation des conduits excréteurs.

Suivant M. Dolbeau, indépendamment des hémorrhagies péritonéales provenant de la trompe et de l'ovaire, il existerait des tumeurs sanguines rétro-utérines consécutives à des pelvi-péritonites pseudo-membraneuses hémorrhagiques. Virchow s'est rallié à cette théorie, en admettant aussi la pelvi-péritonite hémorrhagique.

Quel est le meilleur moyen de réduction des luxations de la cuisse? La flexion combinée à la rotation du membre. Le fait est que cette manœuvre, préférée par M. Dolbeau, a le mérite de la simplicité, puisqu'elle peut être exécutée par le chirurgien à lui tout seul.

Nous aurions encore à glaner dans les nombreux travaux de M. Dolbeau; mais l'index, qui va suivre, appellera l'attention sur ceux dont l'analyse excéderait les bornes que nous avons dû nous imposer.

III

INDEX BIBLIOGRAPHIQUE

Mémoires sur les grands kystes de la surface convexe du foie (Thèse de doctorat, 1856).

— 151 —

De l'Emphysème traumatique (Thèse de concours pour l'agrégation en chirurgie, 1860).

De l'Epispadias ou fissure uréthrale supérieure et de son traitement. (In-4°, 1861.)

De l'Uréthrotomie dans le traitement du rétrécissement de l'urèthre, où l'auteur démontre que dans des cas spéciaux, l'uréthrotomie peut être avantageusement substituée à la ponction vésicale. (*Bull. Soc. de chir.*, 1863-1869.)

De l'Iridectomie (*Bull. Soc. de chir.*, 1864).

Sur un nouveau signe des fractures du crâne. Dysphagie et ecchymose siégeant à la paroi postérieure du pharynx. (*Bull. Soc. de chir.*, 1862.)

De l'Enchondrome, ou traité des tumeurs cartilagineuses considérées surtout au point de vue chirurgical.

Traité pratique de la pierre dans la vessie. 1864.

Leçons de clinique chirurgicale professées à l'Hôtel-Dieu de Paris pendant l'année scolaire (1865-1866). (In-8°, 1866.)

Les principales leçons qui ont fait l'objet de cet enseignement clinique ont été groupées de manière à constituer les différents chapitres d'un livre. Ces leçons traitent :

1° *Des maladies des yeux.*

2° *Des maladies du crâne et de la colonne vertébrale.*

3° *Des maladies chirurgicales du tube digestif.*

4° *Des tumeurs de l'abdomen.*

5° *Des maladies des organes urinaires.*

6° *Des maladies des organes génitaux de la femme.*

7° *Des maladies des membres.*

De la lithotritie périnéale, ou nouvelle manière d'opérer les calculeux. 1872.

Mémoire sur les exostoses des cavités de la face. (Bull. Soc. de chir. 1872.)

Etc., etc., etc., car, outre sa collaboration au *Nouveau dictionnaire encyclopédique* et au *Bulletin de thérapeutique,* M. Dolbeau a rédigé les Bulletins de la Société de chirurgie (pour l'année 1867), les leçons cliniques de Nélaton, le compte-rendu de la clinique de Velpeau, et adressé une foule de communications à nos sociétés médicales.

IV

NOTICE BIOGRAPHIQUE

Au début de l'année scolaire de 1871-1872, six mois après l'un des événements les plus sinistres de notre histoire intérieure, et alors que la vindicte sociale s'exerçait par d'actives représailles, une rumeur, vague d'abord, mais bientôt entretenue et propagée autant par des inimitiés privées que par la passion politique, se répandit dans le quartier Latin. M. Dolbeau, chirurgien de l'hôpital Beaujon, était accusé d'avoir dénoncé et livré à la justice militaire des blessés de la Commune qui s'étaient réfugiés dans son service, et dont un, se plaisait-on à ajouter, avait été fusillé.

Il n'en fallait pas tant pour provoquer autour de la chaire de pathologie externe, une de ces démonstrations tumultueuses dont la Faculté de Paris est périodiquement le théâtre.

Mais, tandis que les étudiants s'arrogeaient en-

9.

core une fois le droit de haute et basse justice sur un de leurs professeurs, la presse médicale justement émue, mais plus sagement inspirée, s'empressa de réclamer une enquête sur les circonstances et les faits qui avaient pu servir de base ou de prétexte à une pareille accusation. De son côté, par une lettre portant la date du 27 mai 1872, M. Dolbeau demandait au président du conseil de surveillance de l'administration de l'Assistance publique de vouloir bien chercher, dans l'examen des faits qui s'étaient passés à l'hôpital Beaujon, dans la journée du 26 mai 1871, les éléments d'une appréciation saine et équitable.

Une commission spéciale, composée de MM. Davillier, Alphonse Guérin, Moissenet, Frémyn et Nast, procéda, avec l'assistance de MM. Blondel et Bailly, à l'enquête demandée.

Comme on pouvait s'y attendre, l'honneur professionnel sortit intact de cette épreuve. Le vendredi, 26 mai, à sa visite du matin, pour faire place aux nombreux blessés qu'on lui annonçait de toutes parts, M. Dolbeau avait ordonné la sortie de ceux de ses malades qui pouvaient se passer de l'hôpital. Il avait invité, en conséquence, la sœur du service et ses élèves à lui apporter les pancartes des malades reconnus en état de sortir. Ces pancartes étaient au nombre de neuf, dont six s'appliquant à des malades civils, et trois autres à des fédérés, au nombre desquels se trouvait un ancien clairon des chasseurs à pied, transformé, par le cours des événements, en lieutenant des Vengeurs de Flourens. Mais la pancarte de celui-ci lui ayant été signalée comme fausse et ne provenant pas des bureaux de la direction,—Brédon y était désigné comme soldat au 18ᵉ bataillon de chasseurs de la ligne, tandis qu'il était entré et connu dans l'hôpital comme lieutenant des Vengeurs de Flourens, — M. Dolbeau voulut avoir des renseignements sur ce changement de qualité. L'absence ou l'abstention des agents de l'administration le laissant dans l'embarras, il s'adressa, de guerre lasse, à l'officier qui commandait le poste de l'hôpital.

Cette démarche constituait-elle une dénonciation, et, par suite, une violation du secret médical ? Evidemment non. En refusant de s'associer à un acte qu'il réprouvait et qui eût engagé sa responsabilité, M. Dolbeau avait non-seulement usé d'un droit incontestable, mais encore rempli son devoir de chef de service.

Tel fut, en effet, l'avis de la Commission (1), qui n'épargna pas son blâme à l'auteur de la fausse pancarte et à ses nombreux complices.

Du reste, loin d'avoir été fusillé, Brédon, qui avait été envoyé à l'état-major de la place, avait été remis en liberté, le lendemain, sur la recommandation de l'aumônier de l'hôpital, son protecteur et le premier coupable en cette affaire.

L'attitude de M. Dolbeau devant une jeunesse ameutée autour de sa chaire fut celle d'un professeur habitué à d'autres luttes, aux vraies luttes de la vie intellectuelle, aux luttes qui élèvent le cœur du travailleur et développent, dans l'homme, le sentiment de sa dignité propre, en même temps que

(1) M. Bailly, secrétaire général de l'administration de l'Assistance publique, rapporteur.

le respect de ses semblables. Voyez plutôt ses titres universitaires et scientifiques : né à Paris, le 2 avril 1830, M. Dolbeau a successivement obtenu, par le concours, les titres d'externe (1850), d'interne (1851), d'aide d'anatomie à la Faculté (1854), de lauréat des hôpitaux (1855), de prosecteur de la Faculté (1857), de chirurgien des hôpitaux (1858) et d'agrégé de la Faculté dans la section de chirurgie (1860).

Il a profité de ces diverses situations pour faire des cours sur l'anatomie et la physiologie des organes des sens, sur l'anatomie et la physiologie du système nerveux, sur l'anatomie et la physiologie des organes génito-urinaires, sur les opérations spéciales aux maladies de l'abdomen et du bassin, sur la pathologie externe, enfin, un cours complet de chirurgie de 1861 à 1865.

Mais sa haute notoriété date de l'année scolaire 1865-1866, pendant laquelle M. Dolbeau suppléa un maître si difficile à remplacer, Jobert de Lamballe, professeur de clinique chirurgicale à l'Hôtel-Dieu. L'épreuve était redoutable ; toutefois personne n'eut à la regretter. Le jeune chirurgien déploya dans cet enseignement officiel, les brillantes et solides qualités, qui, depuis, n'ont pas cessé d'attirer autour de sa chaire de pathologie externe, et dans son service de l'hôpital Beaujon, les élèves studieux.

M. JULES GUÉRIN

ET

LA MÉTHODE SOUS-CUTANÉE

« La détermination empirique d'un fait est presque toujours incertaine et stérile. La notion de sa cause révèle sa nature propre, son étendue et ses attributs ; elle dévoile bientôt à l'esprit toutes les conséquences dont il est susceptible.

» Mais la considération de la cause, si puissante et si féconde dans son caractère théorique et absolu, ne l'est pas moins dans son caractère expérimental, dans l'application.

» Dans l'ordre *idéal* ou mathématique pur, la cause est simple et fonctionne toujours d'une manière absolue. Dans l'ordre *réel*, elle est complexe et fonctionne au milieu de *circonstances* et dans des *conditions* qui varient : de là une complexité et une diversité d'actions étiologiques qui s'impriment aux faits et se traduisent par une diversité d'effets adéquate à la diversité des causes. Nulle part cette considération n'a autant de portée, et n'est d'une application plus féconde que dans l'étude des faits de l'ordre pathologique. »

M. Jules Guérin, l'un des esprits les plus généralisateurs de ce temps, s'est peint tout entier dans ces lignes, où s'accuse avec non moins de netteté le caractère propre de son œuvre, dont l'unité n'a, croyons-nous, sa pareille que dans les travaux si magistralement coordonnés de M. Pasteur, comme nous le montrerons prochainement.

En effet, quel a été le point de départ de M. Jules Guérin ? Un seul tendon coupé, comme remède empirique du pied-bot. Voyant dans cette difformité un effet de la rétraction musculaire, il fut logiquement conduit, en s'élevant du particulier au général, à considérer la rétraction comme la cause de toutes les difformités, et, par suite, à placer sous sa dépendance absolue ou relative la monstruosité, les monstres constituant, depuis les immortels travaux d'Isidore Geoffroy Saint-Hilaire, un système d'êtres soumis aux lois de la physiologie générale. Cela posé, il était évident que la ténotomie, réservée jusqu'alors à la section d'un ou deux tendons, ne devait plus connaître d'autres limites que la rétraction elle-même. Et, d'ailleurs, n'avait-on pas remarqué que les plaies tendineuses, résultant de sections pratiquées sous la peau et à l'abri du contact de l'air, ne suppurent pas ? En recherchant les conditions de cette immunité, M. Jules Guérin n'avait-il pas lui-même, au cours de ses expériences sur les animaux, constaté, entre les tissus divisés — tissus *ligamenteux*, *aponévrotique*, *musculaire*, *nerveux*, *vasculaire*, *osseux*, — la formation d'un tissu analogue au tissu divisé ?

Telle est, en quelques mots, l'origine de la Méthode sous-cutanée, qui devait, comme on va en juger par une esquisse à vol d'oiseau, recevoir de la part de son auteur, les applications les plus inattendues.

Ces applications sont de deux ordres : les *sections* et les *ponctions*.

I

Dans un cas de difformité générale des articulations, M. Jules Guérin coupa sous la peau, dans une seule séance, sur un de ses malades quarante-deux muscles et tendons. Aucune plaie ne suppura, et le sujet fut ainsi délivré d'une difformité générale, considérée jusqu'alors comme incurable.

Les systèmes tendineux et ligamenteux jouissant l'un et l'autre de la propriété de se rétracter activement, et contribuant dès lors à la production des difformités articulaires, pour une somme d'action qui règle la mesure et l'utilité de la Syndestomie, M. Jules Guérin a pratiqué la section des ligaments du pied et du genou, lorsque la brièveté de ces ligaments faisait obstacle au redressement de la difformité : opération doublement nouvelle, et par rapport à la nature des tissus, que personne n'aurait cru qu'on pût diviser impunément, et par rapport à la méthode employée.

C'est **M. Jules Guérin** qui, le premier aussi, a eu l'idée de traiter la hernie étranglée par la déchirure sous-cutanée de l'anneau avec le doigt.

Pour le torticolis ancien, la méthode de **M. Jules Guérin** comprend :

1° Les sections musculaires sous-cutanées appropriées à chaque variété de la difformité ;

2° Trois ordres d'appareils nouveaux : un lit orthopédique à casque mobile, un collier à extension verticale et une ceinture à flexion cervicale. Cette méthode lui a permis de produire des résultats nouveaux, notamment le redressement d'un torticolis par la section du splénius et du grand oblique droit, et du petit oblique gauche ; et, dans tous les cas, le redressement complet ou la diminution considérable de l'inclinaison cervicale inverse à l'inclinaison de la tête, l'amélioration, sinon la disparition entière, des déformations subordonnées à cette inclinaison : tous résultats qui n'avaient pas été obtenus, ni même recherchés antérieurement.

Sur des sujets atteints de strabisme primitif, le redressement des yeux déviés a été obtenu par la myotomie sous-conjonctivale, dont les avantages sont de ne pas donner lieu à des accidents inflammatoires, de ne pas détruire la caroncule palpébrale, de ne produire ni d'ouverture anormale des paupières, ni d'exophtalmes, de ne pas abolir plus ou moins complétement les mouvements correspondants aux muscles divisés, enfin de ne pas laisser de trace.

Pour le strabisme consécutif, cette méthode de traitement permet de rétablir et de fixer dans leurs rapports normaux les membranes de l'œil et les extrémités des muscles, divisés et greffés d'une manière vicieuse ; de rétablir le repli caronculaire, plus ou moins complétement détruit, et de restituer à l'œil sa direction, sa forme, ses mouvements et son expression, altérés ou détruits par des applications vicieuses de la myotomie oculaire : le tout sans accidents capables de compromettre la santé des sujets ou l'intégrité de l'organe de la vision.

Des faits soumis par M. Guérin à l'examen de l'Académie des sciences, en 1841 et 1842, il résulte que certaines déviations latérales de l'épine peuvent être complétement guéries, au moyen de la myotomie rachidienne et du traitement mécanique combinés.

Des déplacements du scapulum, dus à la rétraction des muscles qui s'y insèrent, ont été guéris par la section de ces derniers.

A propos de deux cas de luxation et de pseudoluxation congénitales, traités par la section souscutanée des muscles pelvi-fémoraux et l'extension continue, la commission des hôpitaux formulant *de visu* son appréciation des résultats obtenus par M. Guérin, constatait la formation de cavités articulaires nouvelles et l'allongement des os, compensant le raccourcissement produit par la luxation. « C'est un genre d'amélioration, concluait le rapporteur (*Compte rendu de l'Acad. des sciences*, p. 78, 1840), que l'art n'avait pas soupçonné jusqu'ici, et qui est destiné à suppléer à la réduction complète et permanente, quand celle-ci ne sera pas possible. »

Dans la flexion permanente de la main et des

doigts par rétraction des muscles fléchisseurs, il ne s'agit pas seulement de redresser les doigts, mais encore et surtout de conserver leurs mouvements après la section des tendons fléchisseurs. Le procédé imaginé par **M.** Guérin consiste à diviser les deux ordres de tendons fléchisseurs en deux points différents : à la paume de la main pour les fléchisseurs superficiels, et au-devant des phalanges pour les fléchisseurs profonds.

Dans les déviations latérales essentielles des genoux, après la section sous-cutanée du biceps, du tenseur aponévrotique et du ligament latéral externe, il se sert de deux appareils très puissants, construits d'après le système de flexion qui lui est propre : la *gouttière brisée* et l'*appareil portatif à inclinaison latérale*. Les résultats sont des plus satisfaisants.

Signalons encore la section sous-cutanée du sphincter anal, comme une des applications les plus avantageuses de la méthode au traitement des fissures de l'anus ; le redressement extemporané des courbures et des cals vicieux rachitiques par leur fracture sous la peau, et, lorsque la courbure est anguleuse et considérable, par la section sous-cutanée de l'os au sommet interne de l'angle ; la destruction sous-cutanée des loupes graisseuses, de certaines glandes douloureuses du sein et de certaines tumeurs douloureuses qui se développent dans l'épaisseur des muscles, par la division en tous sens de leur tissu, qui se transforme en un tissu cicatriciel amorphe insensible ; l'extraction sous-cutanée des corps étrangers articulaires, etc.

En somme, « sous le rapport de la science, ramenée à son expression la plus positive et la plus pratique, il (M. Guérin) a systématisé les innombrables variétés de pied-bot, et formulé, pour chacune d'elles, une méthode de traitement qui satisfait à toutes les indications. Montrer comment chaque muscle, chaque tendon, chaque ligament, commande, décide ou entretient telle ou telle forme de déviation, c'est mettre le doigt de l'opérateur sur la cause à faire disparaître, sur l'obstacle à diviser, sur la direction vicieuse à redresser ; c'est, en un mot, faire *rationnellement* pour l'ensemble de cette difformité si multiple, si complexe, ce qu'antérieurement on avait tenté *empiriquement*, pour un seul de ces symptômes : la section du tendon d'Achille contre l'élévation du talon.

» Sous le rapport de l'art proprement dit, il a donné des procédés opératoires qui assurent la parfaite réunion des tendons divisés sans adhérences ni nodosités, et des appareils mécaniques qui effectuent le redressement des difformités de la manière la plus facile, la moins douloureuse et la plus complète : système de la *flexion* et des *brisures multiples* substituées à la pression.

» Les deux ordres qu'on vient de signaler par rapport au pied-bot, peuvent, en reportant un regard d'ensemble sur les six catégories qui précèdent : *strabisme, torticolis, déviations de l'épine, luxations congénitales, déviations des genoux, pieds-bots*, être élevés du particulier au général ; ils montrent alors, d'une manière aussi claire que certaine, que l'ensemble de ces difformités si nombreuses, si complexes et si variées, se résume, grâce à M. J. Guérin, dans un seul et même fait, comme leur traitement dans un seul et même moyen. » (*Compte-rendu de l'Acad. des sciences : séance annuelle du 22 mars 1855.*)

II

Parmi les nombreuses applications de la Méthode de **M. J. Guérin**, sous forme de ponctions, se place, en première ligne, le traitement de l'empyème par la Thoracentèse sous-cutanée, l'une des créations les plus heureuses de la thérapeutique de ce temps. Mais, pourquoi insisterions-nous sur un sujet si souvent débattu dans nos sociétés médicales, dans la presse et dans les livres? Non moins connus sont encore le traitement des abcès froids, des hydarthroses et autres collections séreuses, par les ponctions sous-cutanées, et celui des plaies par l'*Occlusion pneumatique*, procédé dont le moindre mérite n'est pas de découler logiquement de la Méthode sous-cutanée, et d'avoir inspiré à son auteur un appareil instrumental dont

M. Dieulafoy a réalisé les derniers perfectionnements.

Passons à des points moins vulgarisés ou généralement oubliés : par exemple, au traitement des
brides cicatricielles, suites de brûlure, par le *dépla-
cement* des cicatrices, parce que de là est venu,
sans doute, l'ingénieux procédé d'autoplastie par
glissement, que Jobert (de Lamballe) appliquait au
traitement des fistules vésico-vaginales. C'est **M. J.**
Guérin qui, le premier, a eu l'idée de remédier aux
excurvations tuberculeuses au moyen du décubitus
sur le ventre, combiné avec une médication appropriée. Avant ses recherches sur les déviations latérale et postérieure de la colonne vertébrale, sur les
flexions permanentes du coude ou du genou, sur les
pieds-bots varus équins, comment poursuivait-on
le redressement de ces difformités? par des tractions
exercées suivant l'axe longitudinal des parties dé-
viées, et par des pressions directes appliquées sur
le sommet des convexités des courbures et des extrémités. Le principe de la flexion proposé par
M. Guérin, et les appareils par lesquels il l'a réalisé,

tendent à tirer perpendiculairement, en sens contraire des courbures, sur les segments des courbures, en se servant de ces segments comme de bras de leviers dont le centre de mouvement est au sommet de chaque courbe, et dans l'articulation même qui est le centre de flexion de cette dernière. Il résulte de cette substitution de principe que les forces sont employées d'une manière plus favorable, déterminent par conséquent moins de gêne et de douleurs, et peuvent surtout porter le redressement au delà de la ligne droite. Ce dernier avantage est en particulier sensible dans le redressement des déviations de l'épine.

D'où il faut conclure avec le rapporteur de la commission des prix pour l'année 1837 (*Compte-rendu de l'Académie des sciences*, page 251), que « les appareils à extension parallèle permettent difficilement d'obtenir des redressements complets, parce qu'on ne parvient jamais à vaincre la prédominance du côté convexe des courbures sur le côté concave ; tandis que ce résultat peut être plus ou moins facilement atteint par les appareils qui ten-

⁻dent à fléchir la colonne en sens inverse de ses courbures pathologiques. »

III

A côté de ces contributions pratiques de **M.** Jules Guérin aux progrès de la chirurgie contemporaine, mentionnons la découverte, entre les onzième et douzième vertèbres dorsales, d'une articulation qui préside aux mouvements de flexion latérale de la colonne ; sa théorie de *l'organisation immédiate* substituée à la théorie de *l'inflammation adhésive* de Hunter ; la mise en lumière, si importante pour la prophylaxie du choléra et des maladies infectieuses et virulentes en général, d'une période prodromique qui leur serait commune ; l'anatomie et la physiologie comparées des difformités ; l'histoire anatomique du rachitisme et la reproduction expérimentale du rachitisme chez les animaux, études si neuves, si originales, et dont la seconde a transformé du tout au tout la prophylaxie et la thérapeutique du rachitisme.

Lisez plutôt ceci ; il s'agit plus particulièrement de l'orthopédie, considérée par des étrangers comme une création de la chirurgie française.

« Quoique les premières tentatives de Myotomie eussent été faites il y a près de deux siècles, cette opération, écrivait le docteur Mott en 1842 (1), s'appliquait alors, et ne s'est appliquée pendant de bien longues années qu'à un seul cas exclusivement : celui du *Torticolis*. — Et ce n'est que *depuis ces trois dernières années* qu'on a employé avec succès des moyens chirurgicaux et mécaniques contre les difformités humaines ayant leur origine dans le système musculaire. Dans cette œuvre si grande et si importante, la *France* occupe le premier rang, et dans ce pays les noms qui, jusqu'à présent, figurent avec le plus d'éclat sont ceux de *Guérin, Bouvier, Vidal* et *Tavernier.*

» Les établissements que ces hommes éminents ont fondés à Paris et dans ses environs, excitent la juste admiration de tous ceux qui s'intéressent à la marche

____

(1) *Travels in Europe and the East*, New-York. 1842.

10.

et à l'application de la saine chirurgie. Parmi les nombreux étrangers que j'ai rencontrés à Paris et que j'ai accompagnés aux *écoles et hôpitaux ortho-pédiques,* je puis nommer, sans compter mes compatriotes, sir Benjamin Brodie, de Londres, et M. Cusack, de Dublin, qui étaient dans le ravissement à la vue de procédés opératoires si étendus et si parfaits.

» On peut citer comme surpassant de beaucoup tous les autres l'établissement princier de mon excellent ami le Dr Jules Guérin, à Passy, dans les environs de Paris, et près de l'ancienne résidence de notre illustre compatriote Franklin. Ce fondateur ingénieux et distingué a plus que tous ses contemporains contribué à répandre les principes de *Myotomie* et de *Ténotomie* en les appliquant à *presque chaque muscle et tendon du corps.*

» Mais le succès de ces sections, c'est-à-dire une guérison complète nécessite l'application d'appareils mécaniques les plus ingénieux et les plus parfaits ; tout cela a été exécuté avec une perfection et un raffinement qui surpassent toute croyance. »

En 1856, dans une savante étude sur *les diffor-
mités congénitales du squelette* (1), M. le docteur
Pachiotti caractérisait en ces termes l'œuvre de M. J.
Guérin :

« De même que le grand Cuvier, à la simple vue
d'un os trouvé dans les couches les plus profondes
de la terre, décrivit le squelette tout entier d'un
animal antédiluvien jusqu'alors inconnu ; de même
que l'étude des anomalies de l'organisme avait ré-
vélé aux Geoffroy Saint-Hilaire et à Serres les lois
qui régissent les monstruosités ; de même, par
l'analyse d'une difformité dans tous ses éléments,
M. J. Guérin a pénétré le secret de toutes les autres, et découvert que, là où l'on n'avait vu que
des cas particuliers, des produits accidentels, il
existait des classes, des genres, des espèces, des
variétés, des degrés divers, soumis à une loi commune, relevant d'un principe unique de physiologie pathologique. Voilà bien le génie français !
Anatomie pathologique, étiologie, diagnostic, pro-

(1) Delle difformità congenite dello squeletto : *Torino*,
1865.

nostic, thérapeutique, tout se renouvelle, pour assurer l'une des plus belles conquêtes scientifiques de nos jours. (*Tutto si rinnova, per assicurarci, etc...*) »

Après ces témoignages spontanés de la science étrangère, voici comment la commission des hôpitaux, après un examen minutieux des travaux de M. Jules Guérin, les jugeait devant l'Académie des sciences, le premier tribunal scientifique du monde, pouvons-nous dire sans trop de chauvinisme :

« 1° Les résultats obtenus par M. J. Guérin sous les yeux de la commission pendant les années 1843, 1844 et 1845, dans le traitement du strabisme, du torticolis, des déviations de l'épine, des luxations congénitales, des déviations des genoux, des pieds-bots, des difformités arthralgiques, des difformités par rétraction de cicatrices, des difformités rachitiques, des excurvations tuberculeuses et des abcès par congestion, sont de nature à établir que la pratique de M. J. Guérin est tout à la fois remarquable par les considérations élevées et judicieuses sur lesquelles elle se fonde, et par l'habileté et souvent la hardiesse heureuse avec laquelle les procédés opératoires sont exécutés.

» 2° Les méthodes, procédés et appareils imaginés par M. J. Guérin pour le traitement des difformités et accidents qui les compliquent, et les règles qu'il a posées pour leur application, constituent un ensemble de moyens et de préceptes à l'aide desquels il a produit des résultats complétement nouveaux ; comme l'ensemble de ses recherches et de ses idées sur cet ordre de faits avaient dès longtemps constitué une branche de la médecine presque entièrement nouvelle.

» 3° En raison des progrès qu'il a imprimés à la science des difformités et à l'art de les traiter, en raison des sacrifices qu'il a faits, en raison de la persévérance avec laquelle il a poursuivi de longues et pénibles recherches, la commission est heureuse de le déclarer, M. J. Guérin a bien mérité de la science et de l'humanité.

» Paris, le 6 avril 1848.

» *Ont signé :* MM. BLANDIN, P. DUBOIS, JOBERT, LOUIS, RAYER, SERRES, et ORFILA, président. »

Dans un pays aussi oublieux que le nôtre, voilà de ces choses qu'il n'est jamais inutile de rééditer.

IV

INDEX BIBLIOGRAPHIQUE

Mémoire sur l'intervention de la pression atmosphérique dans le mécanisme des exhalations séreuses. (Gazette médicale de Paris, page 321, 1840.)

Recherches et expériences sur la reproduction des tissus divisés sous la peau : bases physiologiques de la Méthode sous-cutanée. (*Compte-rendu de l'Académie des sciences,* 1855, p. 172.)

Essai de physiologie générale, contenant des recherches : 1° sur l'unité et la solidarité scientifique de l'anatomie, de la physiologie, de la pathologie et de la thérapeutique ; 2° sur l'influence organogénique de fonction ; 3° sur l'origine et le mode de développement de la partie fibreuse du système musculaire. (1845. *Compte-rendu,* p. 257 et 434. — *Gazette méd.,* p. 167, 311, 359.)

Expériences sur la production du rachitisme

chez les animaux. (*Gaz. méd.*, p. 322, et *Bull. de l'Acad. de méd.*, 1838.)

Examen de la doctrine physiologique appliquée à l'étude et au traitement du choléra morbus. (In-8° de 300 pages, Paris, 1832.)

Essai sur la Méthode sous-cutanée. (In-8°, Paris, 1841.)

Généralisation de la Méthode sous-cutanée. (1855, *Gaz. Méd.*, p. 51.)

Applications diverses de la Méthode sous-cutanée par différents chirurgiens ou proposées par l'auteur dans son enseignement. (In-8°, 1844.)

Méthode du pansement des plaies par occlusion pneumatique. (1844. *Compte-rendu*, t. XIX, p. 1009. — *Gaz. méd.*, p. 730.)

Vues générales sur l'Étude scientifique et pratique des difformités du système osseux. (In-8°, 1840.)

Histoire générale et particulière de difformités du système osseux. (12 volumes in-4° de texte, 600 planches.) — Voir la notice biographique.

La *Gazette médicale de Paris,* depuis 1830 jusqu'en 1867. — Voir la notice biographique.

V

NOTICE BIOGRAPHIQUE

Né à Boussu (1), le 11 mars 1801, M. Jules Guérin porte ses soixante-quatorze ans avec cette attitude ferme et cette lucidité communicative, qui sont les attributs d'une double insénescence.

Et pourtant qui donc a combattu le combat de la vie dans des mêlées plus âpres, plus diverses et plus prolongées ?

Inventeur, n'a-t-il pas à défendre *unguibus et rostro* les produits de son génie ?

Savant, l'Académie des sciences, après avoir couronné ses travaux, l'a par trois fois sacrifié à des compétiteurs plus heureux ; et nous nous demandons si l'Académie de médecine qui, en 1842, lui ouvrit ses portes, ne lui eût pas préféré, depuis, une médiocrité quelconque.

(1) Cette localité, qui fait aujourd'hui partie de la province du Hainaut (Belgique), appartenait alors, comme on sait, au département de Jemmapes.

Misère de nos mœurs scientifiques : Supposez que cette tribune eût été fermée à la théorie de la *rétraction musculaire,* base de l'orthopédie scientifique, mine si féconde pour la thérapeutique chirurgicale; à l'exposition de faits tels que la *diarrhée prémonitoire du choléra* et les résultats de *l'alimentation prématurée* sur la vie et la santé des nourrissons; à la vulgarisation de la méthode *du pansement des plaies par occlusion pneumatique,* etc., etc., etc., et dites-nous où en seraient encore quelques-unes des conquêtes les plus saines de la chirurgie et de l'hygiène contemporaines?

Remarquez, en effet, cette particularité caractéristique de l'insolidarité scientifique en France :

Nous signalions tout à l'heure, dans notre index bibliographique, l'*Histoire générale et particulière des difformités du système osseux,* et nous ne manquions pas d'ajouter que cette œuvre composée de douze volumes in-4°, est illustrée de 600 planches. En effet, telle est l'exacte vérité. Seulement, ce qui reste à dire, ce que le plus grand nombre ignore et ce qu'il faut que tout le monde sache, c'est que, de cette création où l'art et la science de notre pays ont entassé merveilles sur merveilles, quelques éléments — une quinzaine de chapitres à peine — n'ont eu d'autre publicité qu'une simple lecture à l'Académie des sciences, laquelle pourtant, par ses statuts, était tenue de les éditer à ses frais. Si nous ajoutons que l'auteur a dépensé plus de 100,000 fr. pour cet ouvrage, et qu'il n'a pu trouver d'éditeur à cause des frais considérables que sa publication exigera, nous aurons attiré l'attention sur un cas peu flatteur, à coup sûr, pour notre patriotisme.

Il était dans la destinée de M. Jules Guérin de nous ménager un autre enseignement d'un ordre non moins élevé : ce qui, au surplus, est l'heureux privilége des hommes supérieurs.

Ici nous demandons la permission de nous citer.

C'était en 1867 ; le fondateur de la *Gazette de Paris* venait d'annoncer sa retraite à ses lecteurs.

« Depuis le commencement du mois, disions-nous quelques jours après dans notre feuilleton de la *France médicale* (n° du 27 juillet 1867) la *Gazette médicale de Paris* porte deux signatures :

celle de **M. J.** Guérin qui joint à son nom le titre de *directeur scientifique,* et celle de **M.** de Ranse qui, de simple collaborateur, est devenu le rédacteur en chef et l'administrateur — lisez le propriétaire — de cette importante revue, *prima inter pares.* Bonne chance au nouveau pilote, dont l'expérience et le savoir-faire sont, du reste, très honorablement connus (1). Mais qu'il me soit permis de regretter la retraite, à tous égards prématurée, de son illustre prédécesseur.

» Cet événement — car c'en est un pour la presse médicale — ne pouvait laisser indifférents les esprits plus soucieux du fond des choses que des hasards de la vie militante. Je ne connais pas, pour ma part, deux façons de juger **M.** Jules Guérin. Il

---

(1) Nous sommes heureux de constater que la *Gazette médicale* est encore la publication la plus complète et l'une des plus lisibles parmi nos nombreuses revues scientifiques et médicales. Au point de vue de cette étude, c'est-à-dire au point de vue de la vulgarisation des travaux de **M. J.** Guérin, le seul inconvénient de la *Gazette médicale,* qui les a tous publiés, est dans le prix de la collection qui se vend 1000 francs à cette heure.

appartient à cette famille d'esprits dont la destinée orageuse avorte dans une antinomie fatale : frontons décrépits qui s'animent au soleil levant comme la statue de Memnon, mais, comme elle, voués à une animation factice. M. Jules Guérin pouvait rester notre maître à nous tous, et il n'a pu franchir le seuil de l'Institut. La presse et la muse académique sont deux maîtresses jalouses qui ne souffrent pas de partage. C'est pour les avoir courtisées toutes deux à la fois que l'amant malavisé pourrait bien achever sa carrière dans un double abandon. »

Que nos prédictions se soient réalisées ou non, l'important était d'expliquer ces réflexions à ceux qui pourraient se méprendre sur la pensée qui nous le suggéra. En France, deux voies s'ouvrent devant le savant : celle de l'individualisme et celle des collectivités, deux voies non opposées sans doute, mais essentiellement parallèles, nullement propres à se rencontrer. Individu et collectivités sont par nature puissances antagonistes, au même titre que l'activité et l'inertie. Le malheur est que celles-ci font obstacle à celui-là, et, par suite, que, suivant une tendance naturelle chez les uns, calculée chez les autres, c'est à qui faussera sa destinée par des déviations ou des désertions absolument contraires à l'ordre général des choses. Est-ce l'individu qui est le vrai coupable ? Non certes ; mais sa complicité n'est pas douteuse, et cette complicité n'en atteste que plus l'affaissement des caractères et la fragilité des consciences scientifiques.

M. Jules Guérin est membre des principales Sociétés savantes de France et de l'étranger, et officier de la Légion d'honneur.

M. MAISONNEUVE

I

SA MÉTHODE DE CATHÉTÉRISME

Dans le cabinet d'un spécialiste.

—Depuis l'invention des trocarts filiformes, les ponctions de la vessie tendent à se multiplier, aux dépens du cathétérisme dont, par oubli ou ignorance d'un procédé des plus simples, on est communément porté à s'exagérer les difficultés.

— Je comprends, interrompis-je; il s'agit de la méthode de M. Maisonneuve...

— Vous l'avez dit. Voyez cette bougie fine et flexible. Eh bien! si vous l'introduisez dans un urèthre, elle se moule aux inflexions du canal et arrive toujours, sans difficulté, dans la vessie.

— Après?

— Glissez sur cette bougie une sonde élastique percée à ses deux bouts, et le tour est fait. Dans la rétention d'urine, en effet, le canal n'ayant rien perdu de son calibre, et l'obstacle à l'introduction du cathéter ne résidant que dans un changement plus ou moins brusque de direction, aussitôt que la bougie conductrice est arrivée dans la vessie, qui ou quoi m'empêchera de faire glisser sur elle une sonde plus volumineuse pour l'évacuation de l'urine?

— C'est entendu. Mais, dans les rétrécissements, alors que l'urèthre permet à peine l'introduction d'une bougie filiforme, à quoi vous servira cet expédient?

— Sans doute. Mais Maisonneuve a tourné la difficulté. Par une inspiration à jamais admirable, au lieu de faire glisser sur cette bougie conductrice l'instrument qu'il voulait introduire dans un cas de rétrécissement extrême, il eut l'idée de visser, sur son extrémité libre, le bec de cet instrument. Qu'arriva-t-il? les deux faisant corps, celui-ci pénétra dans le rétrécissement à la suite de celle-là qui, au fur et à mesure qu'elle s'y enfonçait, se repliait dans la vessie.

Le cathétérisme *à la suite* était inventé, et, du même coup, comme vous l'allez voir bientôt, se trouvaient résolus deux des problèmes les plus complexes et les plus importants de la chirurgie des voies urinaires :

Celui de l'exécution facile et sûre de toutes les opérations relatives au traitement des rétrécissements de l'urèthre ;

Celui de la guérison instantanée de ces affections, sans aucune dilatation préalable ni consécutive.

Ici, mon interlocuteur comprit que ces prémisses avaient besoin de quelques développements, et il continua l'exposition de la méthode.

— Le privilége inappréciable de la découverte de M. Maisonneuve, reprit-il, c'est de n'exiger aucun instrument spécial. Vous connaissez, sans doute, le classique mandrin explorateur, les sondes métalliques, simples ou coniques, les dilatateurs de Perrève, de Rigaut et *tutti quanti ;* les porte-caustiques de Ducamp et de Lallemand ; le cathéter cannelé de Syme ; enfin les uréthrotomes de Civiale, Reybard, des frères Côme, etc., etc., etc. ?

Eh bien ! grâce à ce petit ajutage métallique, fixé à l'extrémité externe de cette bougie conductrice que voilà, ces divers instruments se prêtent parfaitement au mode d'articulation imaginé par M. Maisonneuve.

Quelle que soit l'opération à faire, il s'agit tout simplement d'introduire d'abord dans l'urèthre une bougie munie de son ajutage ; puis, lorsqu'elle a pénétré jusque dans la vessie, de visser sur son ajutage l'extrémité de l'instrument dont on a fait choix, et, dans un troisième temps, de pousser avec lenteur l'instrument et la bougie qui le précède, jusqu'à ce que celui-ci se trouve dans les conditions voulues pour les indications à remplir.

En procédant ainsi, il est toujours possible d'introduire à travers et au-delà des rétrécissements la bougie olivaire exploratrice, les sondes métalliques dilatatrices, les porte-caustiques et les uréthrotomes.

— Parlez-moi du procédé d'avant en arrière

employé par M. Maisonneuve pour l'uréthrotomie.

— Voici son instrument. C'est, comme vous le
voyez, un tube cannelé, long de 30 centimètres, et
de 1 à 3 millimètres de diamètre, et présentant près
de son extrémité externe un petit anneau qui lui
sert de manche, tandis que son extrémité vésicale
est munie d'un pas de vis pour s'articuler à l'ajutage de la bougie conductrice. La lame tranchante
a la forme d'une demi-olive. Elle est tranchante
sur sa convexité. Son dos est muni d'une arête
qui la retient dans la cannelure du tube ; elle se
continue par une de ses pointes avec une tige
mince qui glisse dans le tube cannelé, et qui, à
son extrémité externe, se termine par un petit
manche destiné à la manœuvrer.

L'instrument, ainsi composé, peut être droit ou
légèrement courbe à son extrémité vésicale. Dans
ce cas, la lame peut être placée du côté de sa concavité ou de sa convexité. Cette dernière forme est
celle que M. Maisonneuve préfère d'habitude.

Et maintenant voici son *modus faciendi*.

Le malade étant couché, il introduit dans l'urèthre une bougie appropriée au degré d'étroitesse
du rétrécissement et dont l'extrémité est munie
d'un petit ajutage à peine plus volumineux qu'elle.
Aussitôt que la bougie a pénétré jusque dans la
vessie, il visse sur son ajutage l'extrémité libre de
son uréthrotome cannelé qu'il pousse ensuite ainsi
que la bougie qui le précède jusqu'à ce qu'il ait
franchi tous les rétrécissements.

Il introduit alors dans la cannelure de son uréthrotome la petite lame tranchante qui en fait partie, et, faisant rapidement parcourir à la lame
toute la longueur de la cannelure : il incise d'un
seul trait tous les rétrécissements.

Après l'opération, il place une sonde élastique
que le malade doit conserver 48 heures pour laisser
le temps aux orifices veineux de s'oblitérer et prévenir ainsi l'intoxication urineuse.

J'étais à trop bonne école pour ne pas amener
l'entretien sur une autre création de M. Maisonneuve :

II

LA CAUTÉRISATION EN FLÈCHES.

— Méthode non moins admirable que la précédente, me fut-il répondu.

La cautérisation en flèches diffère essentiellement de tous les autres modes de cautérisation — cautérisation *en nappe, cautérisation circulaire*, etc., — en ce que le caustique, au lieu d'être appliqué à l'intérieur des tissus et d'agir sur eux de dehors en dehors, est porté d'emblée dans leur profondeur, de manière à opérer leur destruction de l'intérieur à l'extérieur.

La pâte de Canquoin, qui joint à une grande puissance hémostatique l'avantage de n'avoir aucune propriété toxique, et celui de se prêter à tous les degrés de consistance, c'est-à-dire à toutes les formes que l'on peut désirer, est le caustique préféré par M. Maisonneuve. Pour en former des flèches, on dispose d'abord cette pâte en une sorte de galette, qu'on divise ensuite en rayons ou en lanières coniques, pour la cautérisation circulaire; fusiformes, pour la cautérisation centrale ; sous forme de lattes, pour la cautérisation parallèle ou en faisceau. Puis, au moyen de la dessiccation, on donne aux unes et aux autres la résistance et la solidité nécessaires à leur usage.

— Cette résistance et cette solidité peuvent-elles permettre l'introduction des flèches dans des tissus tels que les tissus lardacés et squirrheux, par exemple?

— Non, il est souvent nécessaire de leur préparer une voie, en ponctionnant avec un bistouri pointu les parties qui offrent de la résistance. Mais l'inconvénient a bien peu d'importance, puisque la flèche qui remplace immédiatement la lame du bistouri obstrue complétement la plaie et s'oppose ainsi à toute hémorrhagie.

Comme je vous l'ai fait pressentir, la méthode comporte trois procédés différents, qu'il s'agit maintenant de placer sous vos yeux. Voici, d'abord, une

tumeur soumise à la cautérisation dite *circulaire*
ou *en rayons*.

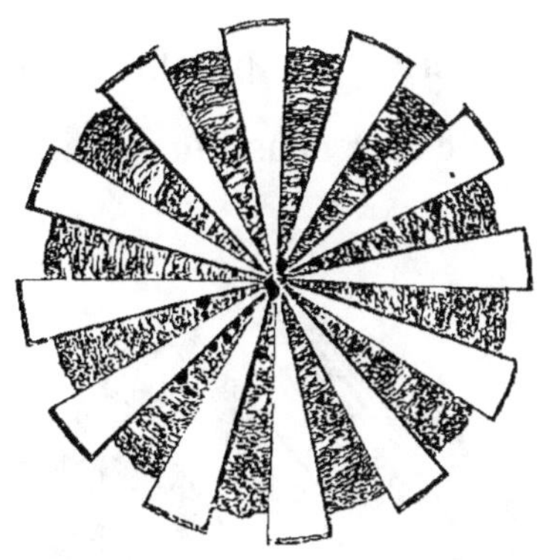

Dans ce procédé de cautérisation, on fait pénétrer les flèches caustiques à la base de la tumeur
que l'on veut détruire, en les disposant suivant
une ligne circulaire, et en ayant soin de les espa-
cer, à leur point d'immersion, d'un centimètre environ l'une de l'autre. De cette manière, elles
constituent par leur ensemble un plan ou un cône
qui circonscrit la tumeur, l'isole des parties saines;
et comme la portion des tissus vivants comprise
entre chaque flèche n'a qu'une faible épaisseur, sa
destruction s'opère en un temps très-court (une ou
deux heures au plus); et la tumeur, se trouvant

ainsi privée de toute communication vasculaire ou nerveuse, cesse de vivre, sans que le caustique ait besoin d'en opérer la désorganisation directe.

Dans la cautérisation parallèle ou en faisceau que voici, les flèches caustiques ne sont plus dis-

posées circulairement autour de la base de la tumeur, de manière à former dans son épaisseur un plan ou un cône; elles sont, au contraire, enfoncées parallèlement entre elles par tous les points de la surface libre de la tumeur. Il en résulte qu'elles représentent ainsi, dans l'intérieur des tissus, une sorte de faisceau caustique, dans les interstices duquel les parties qu'il s'agit de détruire sont réduites à des lames de peu d'épaisseur, et cèdent promptement à l'action désorganisatrice.

La cautérisation *centrale* s'exécute avec un bistouri pointu ou une espèce de fer de lance, qu'on fait pénétrer jusques un peu au delà du centre de la tumeur. On peut même, si la chose paraît utile, creuser dans ce centre une sorte de petite cavité, puis, après avoir retiré l'instrument, on glisse à sa place une ou plusieurs flèches caustiques n° 3, que l'on pousse jusqu'à ce qu'elles aient complétement disparu dans l'épaisseur des tissus.

Le caustique ainsi renfermé dans le centre de la tumeur y détermine une escarre épaisse sans manifester sa présence à l'extérieur par aucun trouble grave. L'orifice par lequel a eu lieu l'introduction de la flèche suffit pour donner issue à l'escarre, et quand celle-ci est détachée, le chirurgien peut réitérer l'application du caustique, de manière à évider la tumeur de dedans en dehors, et à la réduire à une sorte de coque, dont l'affaissement et la cicatrisation s'opèrent ensuite graduellement.

Quel que soit le mode de cautérisation choisi par le chirurgien, il est toujours prudent de laisser, entre le caustique et la base de la tumeur, un espace qui devra varier avec le degré de consistance de celle-ci. L'important est de ne pas dépasser le but, c'est-à-dire quand, par exemple, on veut détruire une tumeur du sein, de ne pas atteindre les côtes ou les espaces intercostaux. S'il existe des adhérences, mieux vaut, après l'emploi des flèches, poursuivre la destruction des dernières couches de la tumeur au moyen d'applications caustiques en nappe sagement graduées, ou, ce qui serait préférable, par voie de suppuration.

III

LA COMPRESSION ÉLASTIQUE APPLIQUÉE A LA RÉDUCTION DES HERNIES INGUINALES ÉTRANGLÉES

C'est la substitution à l'action directe de la main de l'action plus douce, plus régulière et surtout plus puissante du caoutchouc.

Le procédé de **M.** Maisonneuve consiste dans l'application autour du corps du malade, au-dessus des hanches, d'une forte bande de toile peu serrée, mais solidement arrêtée par un nœud.

Prenant ensuite une bande de caoutchouc, large de trois doigts et longue de six mètres, la fixer solidement à la bande de toile ; puis, lui faisant décrire trois ou quatre tours fortement serrés à la base de la tumeur herniaire, dans laquelle la verge et le scrotum sont le plus souvent compris, constituer ainsi à cette tumeur une sorte de pédicule droit, véritable anneau élastique, à travers lequel la hernie devra s'effiler avant de se présenter à l'anneau véritable où siége l'étranglement.

Cela fait, on continue à envelopper la tumeur herniaire avec les spirales de la bande jusqu'à ce que la compression paraisse suffisante.

La réduction s'obtient ainsi le plus souvent avant même que l'application de la bande soit terminée, et, dans tous les cas, elle ne s'est jamais fait attendre plus d'un quart d'heure.

Rappelons encore aux praticiens, à propos de la Kélotomie, cet axiome de **M. Maisonneuve** :

Du moment où le chirurgien se demande s'il est dans l'intérieur du sac, c'est qu'il n'y est pas, parce que, aussitôt qu'il y sera réellement, la chose sera tellement évidente que personne ne se le demandera plus.

Et puis ce précepte, qui a rendu la Kélotomie accessible à tant de praticiens :

Le débridement sera toujours facile, à la condition qu'il soit fait dans l'intérieur du sac, et exécuté par la simple pression de la lame tranchante du bistouri herniaire.

IV

En résumé, de l'œuvre considérable de M. Maisonneuve se dégagent, pour le praticien, trois procédés thérapeutiques, dont chacun, à lui seul, ferait l'honneur d'un chirurgien. Par sa méthode de cathétérisme à la suite et sur conducteur flexible, il a rendu un service inappréciable aux praticiens qui n'ont pas l'habitude de la sonde, c'est-à-dire au plus grand nombre; par son procédé d'uréthrotomie, il a contribué à la vulgarisation d'une des opérations les plus délicates de la chirurgie; par la découverte de la cautérisation en flèches ou interstitielle, il a créé une méthode qui rivalise avec la ligature et l'instrument tranchant. Enfin, on vient de voir comment le praticien peut suppléer à son inexpérience du taxis, par l'emploi du procédé de réduction des hernies dont nous venons de donner la description.

V

INDEX BIBLIOGRAPHIQUE

Clinique chirurgicale, contenant les Affections cancéreuses, la ligature extemporanée, les tumeurs de la langue, les maladies de l'ovaire, les hernies, etc. (Paris, 1864. 1 vol. grand in-8 de 700 p. avec fig.)

Le périoste et ses maladies. (Paris, 1859. In-8.)

Mémoire sur la désarticulation totale de la mâchoire inférieure. (Paris, 1859. In-4, avec planches noires. Avec planches coloriées.)

De la ligature extemporanée et de sa supériorité sur l'instrument tranchant pour l'extirpation de toutes les tumeurs pédiculées ou pédiculables, avec description des instruments nouveaux destinés à son exécution. (1860. 1 vol. in-4 avec planches.)

Leçons cliniques sur les affections cancéreuses,

professées à l'hôpital Cochin, recueillies et publiées par le docteur ALEXIS FAVROT.

Ire PARTIE, comprenant les affections cancéreuses en général. (In-8 avec planches lithographiées. Paris, 1854. In-8.)

IIe PARTIE, comprenant les affections cancéreuses du sein. (1854. In-8.)

VI

NOTICE BIOGRAPHIQUE

Il y a soixante ans de cela, quatre frères en bas âge — l'aîné n'avait que dix ans — jouaient sur les bords d'un étang, quand, tout à coup, le plus jeune glisse et disparaît dans la profondeur de l'eau. Les deux plus âgés d'appeler au secours, en poussant des cris et des gémissements désespérés. L'autre, au contraire, ne disait rien; mais, apercevant un arbre devant lui, il en saisit vivement une branche, la casse et, sans perdre la tête, la tend au petit noyé au moment où celui-ci reparaissait sur l'eau.

Une minute après, l'enfant était sauvé.

A vingt-cinq ans de là, nous retrouvons le sauveteur de six ans dans le service de Gerdy, où il remplissait les fonctions de suppléant, pendant les vacances, c'est-à-dire à cette période de l'année où les services hospitaliers sont désorganisés par le départ des élèves. Ayant une amputation à faire, le jeune chirurgien se met à l'œuvre avec un seul aide, qu'il charge de la compression.

Mais bientôt celui-ci perd l'artère, sans pouvoir la retrouver, et le sang jaillit à flots...

Que fait l'opérateur? Avec cette précision de main et de coup d'œil qui ne s'acquiert que dans les amphithéâtres d'anatomie, il porte la main gauche sur l'artère, et de la droite continue tranquillement l'opération, qu'il eût certainement terminée de même, si un interne en médecine, qui vint à passer, ne se fût chargé de la compression.

Cette même présence d'esprit devait être mise à l'épreuve dans une circonstance particulièrement pénible pour le cœur d'un ami. Un jour que le même chirurgien opérait du strabisme l'enfant d'un des hommes qu'il a le plus affectionnés, il arriva ce qui arrive trop souvent à des patients soumis aux inhalations chloroformiques : l'enfant cessa tout à coup de respirer, et force fut de recourir au plus vite à la respiration artificielle.

Ce moyen ayant échoué, l'opérateur, entraîné par une inspiration brutale, applique deux soufflets sur les joues du moribond, mais si vigoureusement que la secousse le ranime, et que l'opération put être continuée et menée à bonne fin.

M. Maisonneuve, que chacun a reconnu sous les traits du petit sauveteur et du suppléant de Gerdy, a toujours été l'homme du coup de main, prenant d'assaut une tumeur, enlevant un membre comme on fait un prisonnier, pratiquant une désarticulation comme, dans une charge à la française, on démonte un cuirassier.

Audacieux jusqu'à la témérité, quel péril n'a-t-il pas bravé?

De quelles surprises n'a-t-il pas triomphé?

12

Oui, comme l'a dit un journaliste dont le nom nous échappe, « M. Maisonneuve sera considéré comme le premier chirurgien de l'époque par ceux qui tiennent en grand honneur l'esprit d'initiative et la hardiesse opératoire. Jamais peut-être ces facultés n'ont brillé d'un plus vif éclat que chez cet honorable confrère. Dans sa main entreprenante, le champ du bistouri est considérablement agrandi. On peut même dire qu'il n'a plus de limites. Il va chercher le mal dans les profondeurs les plus obscures et les anfractuosités les plus inaccessibles de l'organisme.

» Les opérations les plus graves, Ligatures artérielles des gros vaisseaux, Résections inusitées, Ablation et Dissection de tumeurs énormes, Mutilations effroyables, rien n'arrête, rien n'effraye cette main habilement audacieuse.

» Plus grandes paraissent les difficultés, plus promptes et plus décidées surgissent les ressources. Comme était, en médecine, son célèbre maître et ami Récamier, M. Maisonneuve semble aspirer au renom de chirurgien des cas désespérés. Il a une foi si ardente dans la puissance de l'art, que rien ne semble impossible à ses moyens d'action, et aussi les emploie-t-il là où d'autres temporisent ou reculent.

» C'est le Paracelse de la chirurgie.... », avec une connaissance plus approfondie de l'anatomie, ajouterons-nous : car c'est là le secret et l'excuse d'une pratique qui a tant étonné les esprits superficiels.

Originaire de Nantes, comme M. Chassaignac, et, comme son illustre compatriote, condamné par la limite d'âge à une retraite prématurée, M. Maisonneuve, du fond de son cabinet où il vit au milieu de son arsenal chirurgical et de ses livres bienaimés, suit d'un œil sympathique les travaux de la génération nouvelle. La pratique de M. Péan l'intéresse particulièrement. Parmi les chirurgiens de l'heure présente, c'est celui-là qu'il place au premier rang.

La médiocrité seule est jalouse.

Les portes de l'Institut se montrent peu hospitalières pour l'illustration de M. Maisonneuve, qui paraît menacé de l'ostracisme attaché à la candidature de M. Jules Guérin. Mais « ces deux grands débris » sont bien de taille « à se consoler entre eux » des rigueurs de la science officielle.

Enfin, si tant de débutants dans notre profession ne pouvaient en dire autant, nous ajouterions que M. Maisonneuve est chevalier de la Légion d'honneur.

M. CHASSAIGNAC

ÉCRASEMENT LINÉAIRE

ET DRAINAGE CHIRURGICAL

———

I

Chacun sait de quelle préoccupation est né l'écrasement linéaire, dont le double but est d'éviter, dans le sectionnement des tissus vivants, l'effusion du sang et de diminuer l'étendue des surfaces traumatiques. Que pourrions-nous dire de l'appareil instrumental, de son mécanisme, de la manière de s'en servir, des conditions particulières où il trouve son emploi ? La figure suivante, avec la légende qui l'accompagne, est connue de ceux-là mêmes qui n'ont pas vu ou manié l'Écraseur lui-même, et nous n'apprendrions certes rien à personne en répétant que M. Chassaignac a

12.

substitué aux ligatures ordinaires, avec ou sans serre-nœud, des ligatures métalliques articulées ou

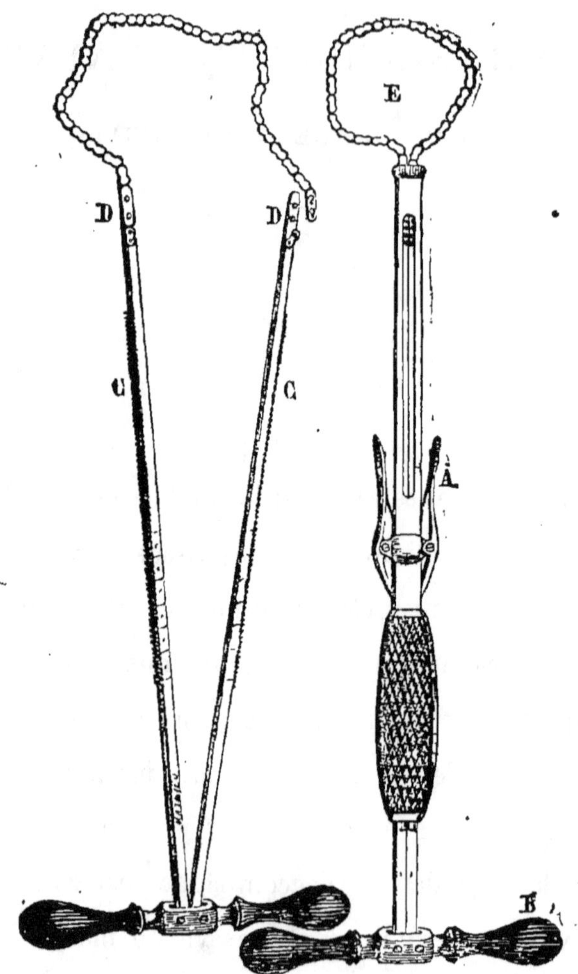

une chaîne métallique, et créé de la sorte un instrument faisant fonction à la fois de porte-ligature, de serre-nœud, d'agent de section des tissus par division sèche et d'hémostatique, au même titre et dans les mêmes conditions que l'anse métallique de la Galvano-caustique thermique.

Mais ce qui n'a pas été dit, et ce que nous tenons à faire ressortir, c'est après l'analogie qui les rapproche, en quoi et par quoi ces deux méthodes opératoires peuvent se disputer la préférence du praticien.

Le véritable champ d'application de l'une et de l'autre ne s'étend guère au-delà des polypes utérins et rectaux, des tumeurs hémorrhoïdales, sous-cutanées et érectiles, du col de l'utérus, de la verge et du testicule. On peut, indifféremment, recourir à l'anse métallique, comme à l'écraseur, pour enlever les unes et amputer les autres. Seulement, la galvano-caustique a le désavantage de prendre plus de temps que l'écrasement linéaire, et d'être plus coûteuse. De sorte que, par rapport à ce dernier, elle a pu être, à bon droit, qualifiée de « chirurgie de luxe. »

L'Écrasement linéaire n'a guère qu'un défaut ;

mais ce défaut a tous les caractères d'un vice ré-
dhibitoire, alors qu'il devient indispensable de
préparer les voies à la chaîne par une incision
préalable. En effet, qui recherche la galvano-caustique et l'écrasement linéaire, si ce n'est les malades qui « préféreraient la mort » à des opérations
pratiquées avec l'instrument tranchant ?

En tout cas, la préférence du chirurgien doit se
subordonner à celle du patient, dont la liberté
veut être respectée jusque dans son aveuglement.
Ceci est un principe qui, pour être dédaigné par
l'école du bistouri, ne s'en impose pas moins à la
conscience de chacun.

C'est à ce titre, d'abord, et puis à raison de la
facilité d'exécution, que les méthodes dites *préser-
vatrices*, méritent d'être relevées de l'interdit officiel, qui en retarde la vulgarisation.

II

Le drainage chirurgical est la canalisation des
abcès au moyen de tubes en caoutchouc vulcanisé,

percés de petits trous dans toute leur étendue. Ces tubes diffèrent des sétons en ce qu'ils peuvent recueillir et conduire au dehors les produits morbides avec lesquels ils sont en contact, et ils ont sur les sétons l'avantage non moins appréciable de n'impressionner que très faiblement les tissus.

Leur diamètre, qui varie suivant les cas, est moyennement celui d'une plume de corbeau, et ils sont placés en travers des abcès, des foyers ou dépôts purulents, de manière que les liquides, pénétrant par les trous pratiqués le long de leurs parois, en parcourent aisément toute la longueur et viennent sourdre continuellement au dehors par les deux orifices ou par celui de ces orifices qui est placé dans la position la plus déclive. Leur introduction se fait à la manière de celle des sétons. Supposez qu'on veuille en introduire un dans un foyer purulent non encore ouvert : on pratique à l'une des extrémités de ce foyer une petite incision à la peau, dans laquelle on introduit un stylet muni d'un fil, lequel entraîne à son tour le tube de caoutchouc. Ce stylet arrivé à l'autre extrémité du foyer, dont il soulève la peau, on pratique sur ce point une seconde incision, qui donne issue à l'instrument. En le retirant, on se trouve ainsi avoir fait traverser toute l'étendue du foyer par le tube, qui y est maintenu à demeure.

L'installation des tubes s'effectue aussi par l'emploi du bistouri, de la sonde cannelée du trocart.

Il y a deux sortes de drainage : le drainage à tubes repliés ou à deux anses en forme de 8, et le drainage par *adossement*, ainsi désigné par **M.** Chassaignac, parc que le tube élastique, après avoir été conduit par la canule du trocart au contact d'un point osseux malade, décrit, à partir de ce point, une seconde portion du trajet pour sortir à une distance plus ou moins éloignée. Ce dernier est un des plus sûrs moyens de guérir la carie et la nécrose.

Quel que soit le mode adopté pour l'installation des tubes ou des fils à drainage, il est indispensable d'appliquer des cataplasmes d'après les principes de l'*occlusion*, c'est-à-dire de placer la substance du cataplasme entre deux linges, qu'on recouvrira avec du taffetas gommé, et de ne renouveler les applications que deux ou trois fois au plus par jour. En outre les tubes doivent être maintenus dans un état de propreté parfaite, sans négliger les douches abondantes dont M. Chassaignac a fait un si heureux emploi dans le traitement des collections purulentes.

Les applications du drainage sont des plus variées. Mais, dans la pratique ordinaire, il faudra s'en tenir aux abcès chroniques ou froids, peu profonds ou superficiels.

Dans ces limites restreintes, on aura encore l'avantage de remplacer les sétons, véritables obturateurs des orifices purulents, par des tubes fenêtrés, qui permettent l'écoulement du pus, sans que leur séjour dans les tissus produise et entretienne aucune inflammation. En outre, la double transfixion ne laisse pas plus de traces que la piqûre des sangsues : ce qui ajoute au prix de la méthode.

III

INDEX BIBLIOGRAPHIQUE

Voici les principales publications de M. Chassaignac :

Traduction des *Œuvres chirurgicales complétes* de Sir A. Cooper. Traduction de l'anglais avec le docteur Richelot. In-8°, Paris, Béchet jeune, 1834.

De nombreuses notes sont annexées à cette traduction.

Traduction de la *Névrologie de Swan*. In-4°, Paris, J.-B. Baillière, 1838.

Travaux sur la méthode de l'occlusion pour le traitement des plaies.

Mémoire sur l'occlusion présenté à l'Académie des sciences le 9 novembre 1844.

Etudes de chirurgie et d'anatomie. 2 vol. in-8°, 1852, Victor Masson.

Clinique chirurgicale de l'hôpital Lariboisière,

publiée chez J.-B. Baillière, en 1854, 1855, 1858, renfermant :

1° Les leçons sur le traitement des tumeurs hémorrhoïdales. In-8° avec planches.

2° Les leçons sur la trachéotomie. In-8° avec 10 planches.

3° Les leçons sur l'hypertrophie des amygdales et sur une nouvelle méthode pour leur ablation. In-8° avec planches.

Traité de l'écrasement linéaire. Paris, J.-B. Baillière, 1856, in-8°, 560 pages, 40 planches.

Ouvrage couronné par l'Académie des sciences en 1863 et par l'Académie de médecine en 1865.

Traité pratique de la suppuration et du drainage chirurgical. 2 vol. grand in-8° compactes de 700 à 800 pages. Paris, 1859, Victor Masson.

Traité des opérations chirurgicales, ou Traité de thérapeutique chirurgicale. 2 vol. in-8° compactes de 700 à 1000 pages, avec 180 planches dans le texte. 1861, Paris, Victor Masson et Fils.

IV

M. Chassaignac est le type des victimes du concours.

Dès sa troisième année d'études à l'Ecole de médecine de Nantes, commença la série d'épreuves qui devaient imprimer sur sa carrière scientifique le sceau d'une prédestination fatale.

A la distribution des prix de 1827, dans son rapport sur les compositions des concurrents, le directeur de l'École proclama la meilleure celle qui portait le n° 3, et l'auteur d'une composition inférieure fut appelé à recevoir le prix. Il ne fallut rien moins qu'une protestation immédiate, inouïe jusqu'alors et restée sans exemple depuis dans les fastes de l'Université, pour faire redresser une erreur aussi étrange :

— L'auteur de la composition n° 3, qui, suivant la déclaration de M. le Directeur , a mérité le prix, n'est pas l'élève à qui le prix vient d'être décerné : c'est moi ! fit une voix partie des bancs occupés par les élèves.

Cette voix, déjà mâle et assurée, était celle du futur pathologiste, qui devait écrire plus tard :

« Toutes les fois que l'organisme ne peut pas se défendre par la volonté de l'homme, l'organisme se défend par des sécrétions. »

Après quelques minutes d'un trouble indescriptible, justice fut immédiatement rendue au jeune Chassaignac, aux acclamations unanimes du public, des professeurs et des élèves.

Deux ans après, à Paris, où il était venu avec l'argent nécessaire pour se faire recevoir docteur, s'ouvre un concours pour une place d'aide d'anatomie. A l'instigation de Robert, qui avait remarqué ses hautes aptitudes, il se risque et échoue dans l'épreuve dite des *pièces sèches*, dont la préparation lui était inconnue.

En 1831, il fut plus heureux ; arrivé ensuite au prosectorat, il put aspirer au poste de chef des travaux anatomiques et concourut en conséquence.

Mais il avait compté sans ce qu'il a nommé « la trahison de Cruveilhier. »

Cruveilhier, dont il était devenu le collaborateur, Cruveilhier qui était son obligé, le fit échouer en lui refusant sa voix, que sa qualité de président du concours rendait prépondérante.

Ce revers aussi immérité qu'inattendu dressa une barrière infranchissable entre la Faculté et l'aspirant au professorat ; il fut aussi le point de départ des difficultés qui ont embarrassé, depuis, la carrière scientifique de M. Chassaignac, car une autre carte non moins décisive manquait dans son jeu, la carte de l'internat, cette garde à carreau des jeunes travailleurs.

En comptant bien ses thèses de concours pour le bureau central, c'est à la neuvième ou à la dixième seulement que se rattache son entrée dans les hôpitaux.

L'Académie elle-même lui a ouvert bien tard ses portes, et il n'a été décoré qu'en 1852.

Toujours trop tôt ou trop tard, les décorations!

Né à Nantes, le 22 décembre 1804, et, par conséquent, aujourd'hui âgé de soixante-dix ans, M. Chassaignac a été atteint, en 1865, par la limite d'âge assignée aux membres du corps de santé des hôpitaux. Là aussi, à quelques rares interventions près dans les discussions de la Société de chirurgie, dont il est membre fondateur, et dans celles de l'Académie de médecine, là aussi finit la phase vraiment militante de sa vie scientifique.

Lórsque la postérité aura commencé pour le créateur de l'Ecrasement linéaire et pour l'auteur du *Traité de la suppuration*, l'un des plus beaux monuments — sinon le seul impérissable — de la chirurgie contemporaine, des voix autorisées apprécieront, en M. Chassaignac, l'homme, le chirurgien et le pathologiste. Pour nous, nous n'avons plus qu'un vœu à formuler : Plaise à Dieu que, dans notre pays, se perpétue la race si vaillamment française, qui nous a donné, en dehors ou à côté de la Faculté, les Chassaignac, les Maisonneuve, les Jules Guérin, les Ollier et les Péan !

M. DIEULAFOY

OU

LA MÉTHODE ASPIRATRICE

———

I

Après le stéthoscope, le plessimètre, l'écraseur
linéaire et le cathétérisme sur conducteur, le moyen,
imaginé par M. Dieulafoy pour la recherche et l'extraction des liquides pathologiques, est, sans con-
tredit, la contribution la plus utile de la France
aux progrès de la pratique médico-chirurgicale.

Frappé de l'insuffisance du ballon de Laugier,
du trocart de Van der Corput, de la seringue de
M. Jules Guérin, des inconvénients du trocart explorateur, qui, à la fois trop gros et trop petit, n'a
de capillaire que le nom, M. Dieulafoy eut l'idée de
remplacer ces divers procédés, tour à tour mis en
honneur et abandonnés, par des aiguilles creuses,

longues, et d'un volume si exigu que les organes pussent être traversés par elles sans en être nullement incommodés. Mais, pour faire passer au travers d'un pareil conduit des liquides aussi épais que le pus, ne fallait-il pas attirer le liquide au dehors au moyen d'une force aspiratrice puissante? Et où trouver cette force, si ce n'est dans l'application d'un des principes les plus usuels de la physique, dans l'utilisation du vide et de sa force aspiratrice, par la mise en rapport d'aiguilles creuses avec un récipient en corps de pompe muni de robinets communiquant avec l'extérieur?

Les appareils, conçus dans ce but par M. Dieulafoy, et exécutés sous sa direction par Robert et Colin, sont au nombre de trois, que nous allons représenter et décrire successivement:

1° L'Aspirateur à encoche de Robert et Colin, modifié par Mathieu :

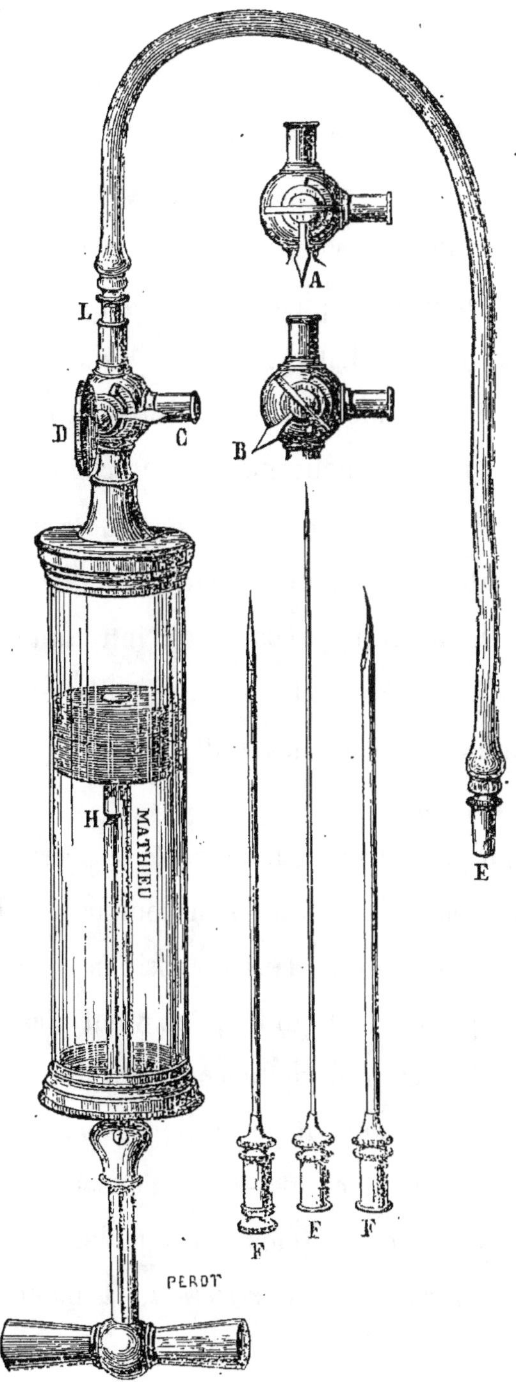

A
B
C
D
L
H
MATHIEU
E
F
F
F
PEROT

Pour faire le vide dans cet aspirateur, la première condition est de s'opposer à l'accès de l'air extérieur; il suffit de placer le robinet dans la position B. Alors on attire le piston jusque dans le haut de sa course, et quand il est arrivé à ce niveau, on lui fait subir un mouvement de rotation de gauche à droite. Dans ce mouvement, l'encoche H vient s'engrener au point K, et le *vide préalable* est fait dans l'aspirateur. — Au moment de faire une opération, l'une des aiguilles creuses F est introduite dans les tissus à explorer, puis cette aiguille est mise en communication au moyen d'un tube de caoutchouc avec l'ajutage L du robinet.

Pour permettre au liquide de se précipiter dans l'aspirateur, c'est-à-dire pour ouvrir le robinet, il suffit de le placer dans la position A. Lorsqu'on veut expulser le liquide qu'on vient d'aspirer, on dégage le piston de son encoche, en lui faisant exécuter un mouvement de droite à gauche; on place le robinet en C, c'est-à-dire qu'on ouvre l'ajutage de décharge, et on refoule le liquide.

Pour pratiquer une *injection*, la manœuvre est

inverse, on aspire le liquide à injecter par l'ajutage C, et on le repousse par l'ajutage L.

En résumé, le jeu de l'appareil repose :

1° Sur l'engagement et sur le dégagement de l'encoche ;

2° Sur les différentes positions du robinet à triple effet. En **B** tout est fermé ; en **A** l'aspirateur communique avec l'aiguille aspiratrice ; en **C** il est en rapport avec l'ajutage de décharge.

Avant de faire usage d'une aiguille, on ne saurait trop recommander de s'assurer de sa *perméabilité* au moyen d'un fil d'argent et d'un courant d'eau. L'aiguille est en effet si fine, qu'il suffit de quelques grains de poussière ou de rouille pour en oblitérer la lumière.

Diamètre des aiguilles.

N° 1. . . . . 1/2 millimètre.

N° 2. . . . . 1 millim.

N° 3. . . . . 1 millim. 1/2.

N° 4. . . . . 2 millim.

2° L'Aspirateur à crémaillère :

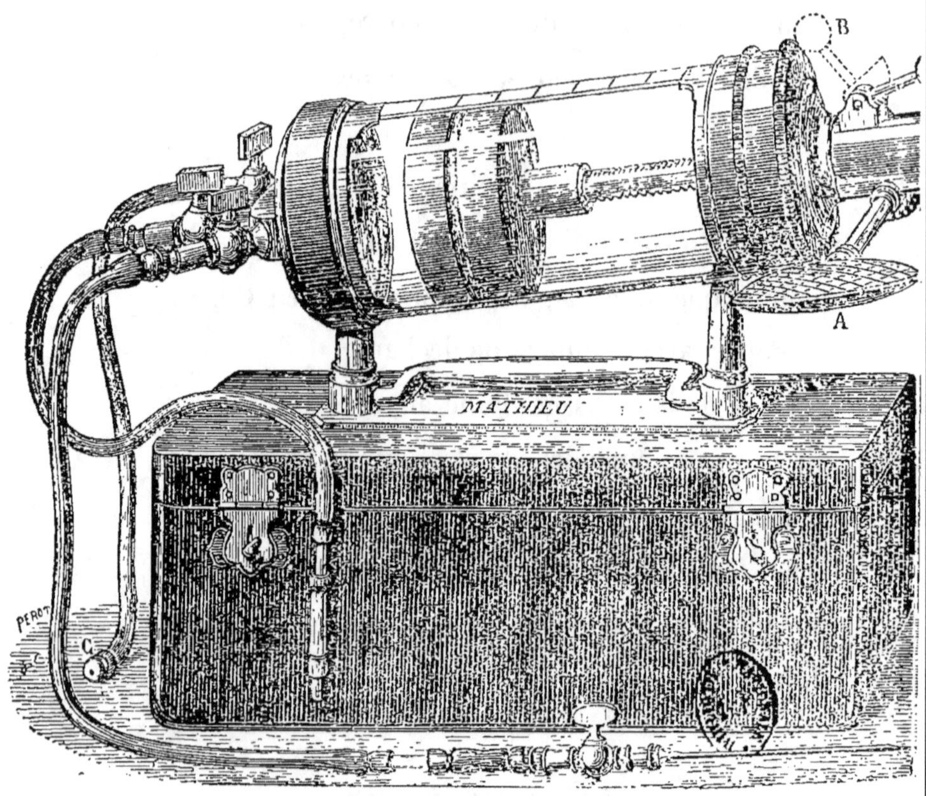

Voici comment on fait le vide dans cet aspirateur :

1° On ferme les robinets en les plaçant à angle droit, c'est-à-dire perpendiculaires au jet du liquide.

2° On remonte le piston jusqu'en haut de sa

course au moyen d'une crémaillère, et dès lors le vide est fait dans l'aspirateur.

3° On ajuste l'aiguille dont on veut faire usage sur le tube de caoutchouc, qui est lui-même mis en communication avec l'aspirateur par le robinet.

4° Dès que l'aiguille est introduite dans les tissus à explorer, on ouvre le robinet correspondant de l'aspirateur, et le vide se fait par conséquent dans l'aiguille, puis on pousse lentement cette aiguille dans les tissus à la recherche du liquide.

Dès que l'aiguille rencontre le liquide, celui-ci se précipite dans l'aspirateur et trahit aussitôt sa présence en traversant l'index de cristal situé sur le trajet du tube de caoutchouc.

5° Quand on veut expulser le liquide contenu dans l'aspirateur, on ferme un robinet, on ouvre l'autre, on dégage la crémaillère de son point d'arrêt, en attirant le cliquet hors de son encoche; on le maintient dans cette position par un léger mouvement de rotation, et on chasse le liquide au moyen du piston que l'on fait descendre dans le corps de pompe. Pour plus de facilité de l'expulsion du liquide, on adapte au robinet un tube en caoutchouc qui va plonger dans un vase.

6° Si l'on désire injecter un liquide médicamenteux, ou laver la cavité morbide qu'on vient de vider, on fait avec l'aspirateur une manœuvre inverse de celle que nous venons de décrire. C'est par le tube de caoutchouc placé à l'un des robinets qu'on aspire le liquide à injecter, puis on ferme ce robinet, on ouvre l'autre, et on pousse l'injection dans la cavité.

L'aspirateur étant gradué, on sait très exactement à quelques grammes près, quelle est la quantité de liquide mise en mouvement ; on peut connaître la capacité de la cavité morbide dans laquelle on pratique les injections, et suivre le retrait de cette cavité et sa marche vers la guérison.

Comparé au premier, ce second aspirateur est d'un maniement plus facile ; car l'opérateur conserve ses deux mains libres au moment de l'aspiration ; la longueur du tube de caoutchouc permet de placer l'appareil à une certaine distance du malade, et le jeu de la crémaillère permet de remonter sans

fatigue un piston dont la surface mesure 35 millimètres de diamètre, manœuvre qui eût été impossible par le simple mouvement de traction de l'aspirateur à encoche.

Pour plus de détails, voir le *Traité de l'aspiration* déjà cité.

3° Le double Aspirateur. — Cet appareil étant
moins usuel que les précédents, disons seulement
que son mécanisme se prête très bien au jeu des
trocarts thoraciques et hépatiques, et passons à

L'Aspirateur à air variable (de M. Potain).

II

Cet appareil est le type des aspirateurs à vide
variable.

Dans le goulot d'un vase quelconque F vient s'a-
dapter un bouchon en caoutchouc, traversé au centre par une tige creuse métallique à double conduit
communiquant avec le récipient. A sa partie supérieure, elle se bifurque en deux branches, munies

chacune d'un robinet A et B qui, suivant la direction qu'on leur donne, permettent à l'air d'être
extrait par la pompe I, et au liquide d'entrer dans

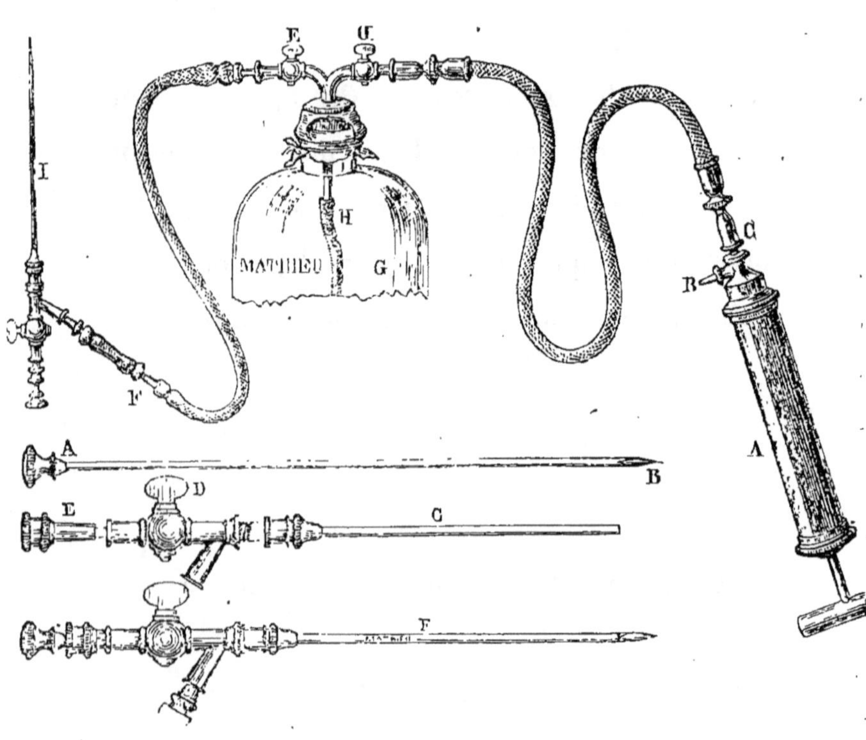

le récipient F par le robinet B, qui communique
avec le trocart au moyen d'un tube en caoutchouc,

dont l'extrémité est munie d'un ajutage de verre C qui permet de reconnaître la nature du liquide aspiré. Le trocart présente quelques particularités à noter. — L'extrémité de la canule est séparée en deux parties égales formant ressort, et comme le poinçon est muni d'une petite encoche en arrière de la pointe, il s'ensuit que, lorsque l'on fait pénétrer le trocart dans son fourreau, le bout de la canule, formant pince, se place dans la partie déprimée du poinçon, en sorte que la canule ne fait aucune saillie et présente avec la pointe du trocart un calibre uniforme. — En outre, la partie inférieure est munie d'un petit tube latéral qui s'ajuste avec le tube C, et d'un robinet qui intercepte l'entrée de l'air et qui permet de déboucher la canule lorsqu'elle est obstruée, sans que l'air extérieur puisse y pénétrer.

Manuel opératoire. — 1° L'appareil monté comme le représente la figure, on ferme le robinet B, et l'on ouvre le robinet A ;

2° On fait fonctionner la pompe I plus ou moins, selon la force qu'on veut donner au vide pratiqué de cette manière dans le flacon F ;

3° Une fois le vide opéré, on ferme le robinet A, on pratique la ponction avec le trocart, on retire le poinçon H, on ferme le robinet du trocart D, on ouvre le robinet B, et le liquide se précipite dans le flacon.

Pendant que l'aspiration a lieu, on peut augmenter la force du vide en faisant fonctionner la pompe, après avoir ouvert le robinet A.

C'est sur le même système que sont basés les appareils de MM. Castiaux en France, Weiss à Londres, Nirop en Danemark. Ces aspirateurs ne sont pas injecteurs, ils ne se prêtent pas aux manœuvres des trocarts thoracique et hépatique.

Il existe d'autres aspirateurs *à vide variable*. Tels sont les appareils de M. Castiaux, de Weiss et de Nirop. Il est bon de faire remarquer que ces aspirateurs ne sont pas injecteurs et ne se prêtent pas aux manœuvres des trocarts *thoracique* et *hépatique*. Ajoutons que tout aspirateur complet doit non-seulement avoir à son service le vide préalable et le vide successif, mais encore, à un moment donné, pouvoir être transformé en siphon.

III

Est-il besoin de dire que le diamètre des aiguilles varie suivant les circonstances, qu'il faut l'approprier à l'organe en exploration, s'assurer de la propreté et de la perméabilité de l'aiguille dont on aura à faire usage ? A cette triple condition, il n'est pas de ponction exploratrice avec l'aiguille n° 1, qui ne puisse être pratiquée partout sans le moindre inconvénient, quel que soit le siége et quelle que soit la nature d'une collection liquide.

Règle générale : plus l'aiguille aspiratrice est fine, et plus la piqûre est innocente; plus aussi le vide doit être bien fait, afin d'attirer les liquides au dehòrs. Ainsi, finesse de l'aiguille et puissance du vide, voilà les deux éléments de sécurité et de certitude pour arriver au diagnostic.

Le diamètre des aiguilles varie, du n° 1 au n° 4, entre un demi-millimètre, un millimètre, un millimètre 1/2 et deux millimètres;

Celui des trocarts, entre un millimètre 1/2, deux et trois millimètres.

Au moment d'introduire l'aiguille dans les tissus, on doit toujours s'assurer de sa perméabilité au moyen d'un fil d'argent et d'un filet d'eau destinés à entraîner les corps étrangers qui pourraient en obstruer la lumière.

Grâce à ces précautions, la Méthode aspiratrice sera toujours l'un des meilleurs auxiliaires du praticien dans l'embarras. Là où la main et l'oreille, seules ou armées, sont impuissantes à dissiper les obscurités d'un diagnostic, l'aiguille exploratrice supplée à leur insuffisance par des révélations dont la thérapeutique fait toujours son profit.

En outre, comme adjuvant ou comme moyen curatif, l'Aspiration a déjà fait ses preuves dans les conditions les plus diverses.

Au diagnostic et au traitement des kystes hydatiques et des abcès du foie; au traitement de la rétention d'urine, de la hernie étranglée, des épanchements du péricarde, de la plèvre, du genou, des bourses séreuses, de la tunique vaginale, du péritoine, des abcès par congestion, chauds et froids, des adénites et bubons suppurés, enfin des épanchements sanguins du tissu cellulaire.

Sur tous ces points si importants de la pratique journalière, l'expérience, entre les mains de M. Dieulafoy et de ses imitateurs, a été des plus concluantes. Il est permis aujourd'hui de recommander l'aspiration comme le moyen le plus inoffensif et le plus sûr d'aller à la recherche d'une collection liquide, quel que soit son siége et quelle que soit sa nature. D'autre part, « quand un liquide s'accumule dans une cavité séreuse ou dans un organe, et, quand cette séreuse ou cet organe sont accessibles, sans danger pour le malade, à nos moyens d'investigation, notre premier soin (1) doit être d'aspirer ce liquide ; s'il se forme de nouveau, on le retire encore, et plusieurs fois de suite si cela est nécessaire, de manière à épuiser la séreuse par un moyen tout mécanique, avant de songer à en modifier la sécrétion par des agents irritants et quelquefois redoutables.

(1) G. Dieulafoy : *Traité de l'aspiration*, etc.

» Quand les aspirations souvent répétées n'arrivent pas à tarir la source du liquide, ou quand ce liquide tient en suspension des matières solides, cristaux de cholestérine ou fausses membranes qui oblitèrent l'étroit conduit de l'aiguille, on fait usage des lavages et des injections successives, de manière à agir lentement sur le tissu pathologique, et à obtenir progressivement le retrait de la cavité. »

De sorte qu'à l'avantage d'offrir au praticien un moyen aussi sûr qu'inoffensif d'exploration ou de diagnostic, l'aspiration unit les garanties d'un procédé thérapeutique à la portée de chacun.

IV

INDEX BIBLIOGRAPHIQUE

La Thèse de M. Dieulafoy pour le doctorat a pour titre :

De la mort subite dans la fièvre typhoïde.

— Pour l'agrégation en médecine :

De la contagion.

Mais son œuvre capitale est son *Traité de l'As-*

piration des liquides morbides, considérée comme *méthode de diagnostic et de traitement.*

Après un rapide historique de l'aspiration depuis les temps les plus reculés jusqu'à nos jours, l'auteur expose successivement les applications de sa méthode:

1° A l'aspiration des liquides accumulés dans les *organes* : kystes et abcès du foie ; rétention d'urine, hernie étranglée, hydrocéphalie, etc. ;

2° A l'aspiration des liquides des *cavités séreuses :* péricardite, pleurésie aiguë et chronique, hydrarthrose, etc. ;

3° A l'aspiration des collections liquides du *tissu cellulaire,* superficiel ou profond : abcès par congestion, phlegmon périnéphrétique, phlegmons iliaques, tumeurs sanguines, etc., etc.

Le tout suivi d'une étude des divers aspirateurs généralement usités.

V

NOTICE BIOGRAPHIQUE

M. Georges Dieulafoy naquit à Toulouse (Haute-Garonne), en 1839. S'il faut en croire la légende, une fée — la fée des succès faciles — sourit au nouveau-né.

« Ton père, murmura-t-elle à son oreille, après en avoir été l'élève préféré, est devenu l'émule de Viguerie. Je veux que, fidèle à cette tradition d'intelligence et de travail, tu ajoutes à un nom honoré l'éclat qui lui a manqué jusqu'à ce jour. »

Et voilà comment, de 1865 à 1869, c'est-à-dire en cinq ans, M. Georges Dieulafoy a pu sortir du concours pour l'internat de Paris, avec le n° 1 (1865), mériter la médaille d'argent des hôpitaux (1866), la médaille d'or des hôpitaux (1868), et méthodiser l'Aspiration pneumatique, à laquelle son nom restera attaché.

La légende ne dit pas ce qu'il est permis d'attendre encore de cet enfant gâté des cieux. Mais son âge nous rassure : ce n'est pas à trente ans qu'un travailleur de race s'endort sous ses lauriers.

Succès oblige.

TABLE DES MATIÈRES

Paris-Vaugirard. — Typographie N. Blanpain, 7, rue Jeanne.

Sous presse, la deuxième série, sous le titre de :

II. NOS PATHOLOGISTES :

MM. PASTEUR, DAVAINE, CHAUVEAU (de Lyon), V. PLASSE (de Niort), MAREY, LORAIN, CHARCOT, GIRAUD-TEULON, DELASIAUVE, etc.

CLINIQUES ET DISPENSAIRES DE PARIS

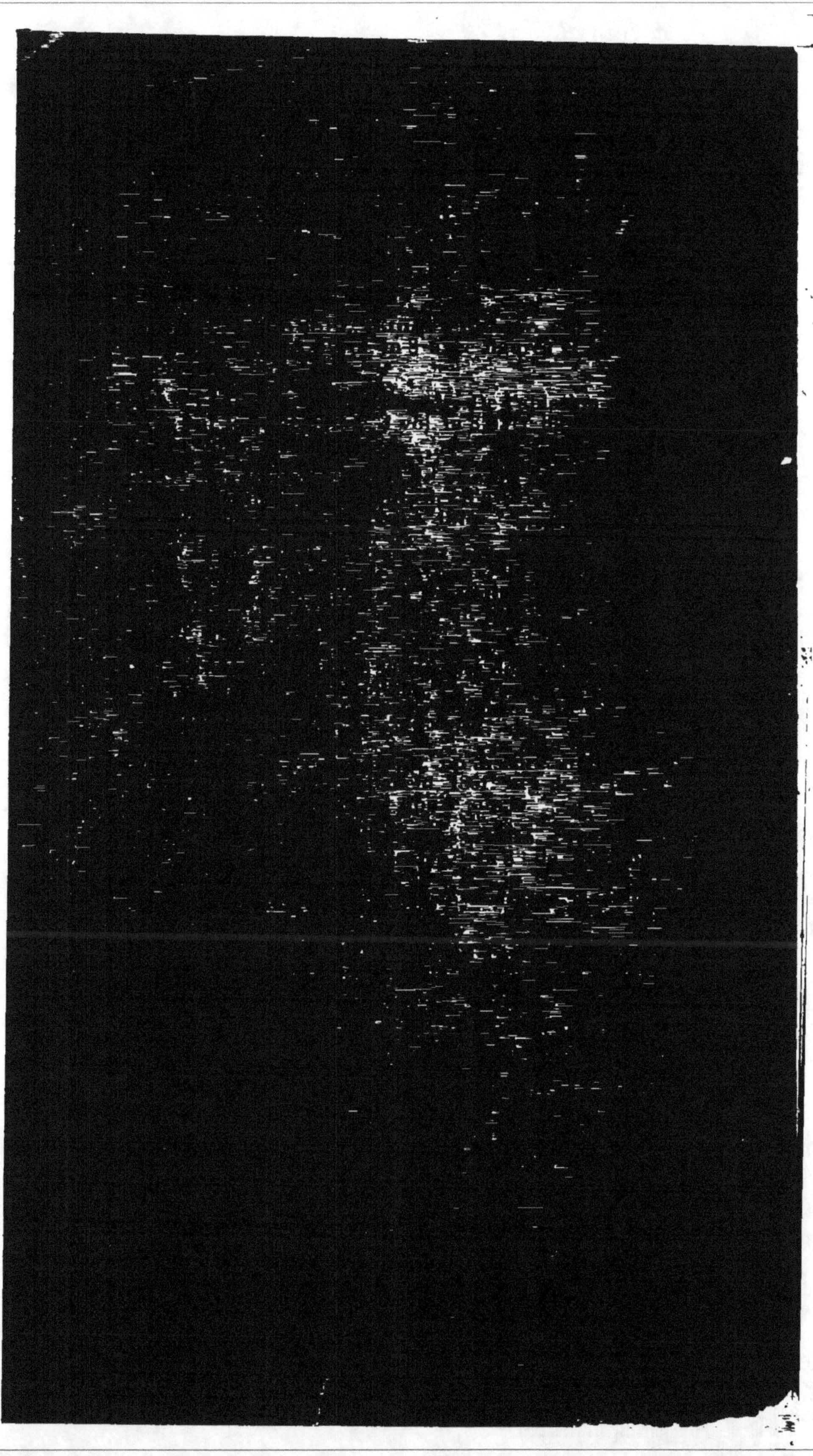